AF307256

Leipzig - Dresdner Eisenbahn Directorium

Die Leipzig - Dresdner Eisenbahn in den ersten fünfundzwanzig Jahren ihres Bestehens

ISBN/EAN: 9783944351049

Auflage: 1

Erscheinungsjahr: 2013

Erscheinungsort: Bremen, Deutschland

@ Technikverlag in Access Verlag GmbH, Fahrenheitstr. 1, 28359 Bremen. Alle Rechte beim Verlag und bei den jeweiligen Lizenzgebern.

Leipzig - Dresdner Eisenbahn Directorium

Die Leipzig - Dresdner Eisenbahn in den ersten fünfundzwanzig Jahren ihres Bestehens

Technik
Verlag

Fünf und zwanzig Jahre sind jetzt verflossen, seitdem ein
Dampfwagenzug zum ersten Male auf der die Städte Leipzig und
Dresden verbindenden Eisenbahn dahin brauste. Es war die Eröffnungsfahrt der zweiten deutschen durch Dampfkraft befahrenen
Eisenbahn, nachdem die Nürnberg-Fürther bereits im December 1835
dem Betrieb übergeben worden war. Es war die Eröffnungsfahrt der
ersten grösseren Bahn und zwar derjenigen, welche in Deutschland
den Anfang für eine stets weiterschreitende, unabsehbare Verzweigung
bildete. Was für Veränderungen, welche Fortschritte in dem Eisenbahnwesen zeigt dieser Zeitraum! Das tausendjährige deutsche Reich
hatte nur ein unvollkommenes Strassensystem, in wenig mehr als einem
Vierteljahrhundert ist in Deutschland ein Eisenbahnnetz von über
2000 Meilen Länge geschaffen. Während man im Anfang des dritten
Decennium dieses Jahrhunderts die Herstellung von Eisenbahnen
mit Dampfwagen für Deutschland überhaupt nicht geeignet, ja für
chimärisch hielt, erhebt jetzt jeder Kreis, beinahe jede Stadt Anspruch
darauf. Zu jener Zeit glaubte man die materiellen wie geistigen
Kräfte des ganzen Landes für wenige Meilen Bahn in Anspruch
nehmen zu müssen, jetzt handelt es sich nur darum, dass der Staat
mit seinem Credit oder eine Gesellschaft unternehmender und ein-
flussreicher Geschäftsleute dafür eintritt. Wo zu jener Zeit die
Möglichkeit, Ausführbarkeit und Bedeutung der Eisenbahnen mit

Dampfbetrieb überhaupt in Frage kam, handelt es sich jetzt nur um die Beschaffung der Geldmittel. Schon denkt man kaum mehr an die Hindernisse und Schwierigkeiten, welche die ersten Bahnen fanden. Mag daher die Entstehungs- und Entwickelungsgeschichte derjenigen, welche den Tag ihrer 25jährigen Eröffnung feiert, Veranlassung darbieten, die ersten Anfänge des deutschen Eisenbahnwesens wieder mit vorzuführen und die Erinnerung an jene Zeiten wachzurufen. Die Bedeutung des Eisenbahnwesens für die Cultur- und Wirthschaftsverhältnisse unserer Zeit wird zugleich eine kurze Monographie der ersten grösseren deutschen Eisenbahn nicht ungerechtfertigt erscheinen lassen. Dieselbe soll, wie es ihr Zweck mit sich bringt, ausführlicher die Zeit bis zur Eröffnung, am 7. April 1839, und sodann in kurzen Umrissen die weitere Entwickelung des Unternehmens bis zur Jetztzeit geben.

I.

Die Eisenbahn zwischen Liverpool und Manchester war die erste, auf welcher das Problem des Betriebs durch Dampfwagen in befriedigender Weise gelöst wurde. Eisenbahnen hatte es schon seit dem 18. Jahrhundert gegeben, auch waren schon seit dem ersten Jahrzehnt des 19. Jahrhunderts Dampfwagen, jedoch sehr complicirt und unpraktisch construirt, darauf im Betrieb gewesen. Es ist bekannt, dass die Gesellschaft, welche sich für die Bahn von Liverpool nach Manchester gebildet hatte, im März 1829 einen Preis für einen betriebsfähigen Dampfwagen ausgesetzt hatte und dass des berühmten Maschinenbauers Stephenson Wagen, „Rocket" benannt, im October desselben Jahres den Preis vor drei andern davontrug, indem er eine Tour von 30 englischen Meilen in 2 Stunden 6 Minuten 49 Secunden zurücklegte. Am 15. September 1830 wurde die 36 engl. Meilen lange Bahn eröffnet. Der Erfolg dieses, bei seiner massiven Bauart allerdings kostspieligen Unternehmens — etwa 1 Mill. £ — war hinreichend, um die Einführung der Dampfwagen in England

zu sichern und ungeachtet des vortrefflichen Strassen- und Canal-
systems neue Projecte hervorzurufen, trotzdem dass von verschiedenen Seiten dort dagegen geeifert wurde und die englische Gesetzgebung bedeutende Schwierigkeiten in den Weg legte. So soll
namentlich die Erlangung der zu einer Eisenbahn erforderlichen Bill
oft über 1 Million Thaler Kosten verursacht haben. In den Vereinigten Staaten von Nord-Amerika, wo neben einem ausgebreiteten
Canal-System bereits Eisenbahnen (mit Pferdebetrieb) mit Erfolg
im Gebrauch waren, bemächtigte man sich des neuen Vehikels mit
derjenigen Energie, welche man in allen wirthschaftlichen Fragen
dort zu sehen gewohnt ist. In Frankreich war die Bahn von Lyon
nach St. Etienne im Betrieb; in Holland und Belgien projectirte man
gleichfalls Eisenbahnen.

In Deutschland, von wo aus ein Jahrhundert früher die bei dem
Bergwerksbetrieb üblichen Holzbahnen für England die erste Veranlassung zur Anlegung von Eisenbahnen gaben, war ausser einigen
kleinen Strecken am Rhein, im Harz und in Oberschlesien, die in
den Jahren 1826 — 1832 zwischen Budweis und Linz erbaute Bahn
die erste von Bedeutung. Dieselbe, 17 Meilen lang und nur für den
Betrieb mittelst Pferden berechnet, hatte einen Kostenaufwand von
über $1^1/_2$ Mill. fl. C.-M. verursacht, ohne jedoch die erwarteten Erfolge zu haben. Inzwischen gelangte man zur Erkenntniss, dass für
Deutschland ein besseres Communicationssystem geschaffen werden
müsse, sei es durch Canäle, sei es durch Eisenbahnen, wenn es
nicht in allen seinen Verkehrsbeziehungen dem Rückgang verfallen
sollte. Hierbei hatte man überall mehr die Beförderung der schweren und voluminösen Producte, namentlich der Kohlen, Steine, des
Holzes, Eisens und dgl. im Auge, die bei den damaligen Communi-
cationsmitteln vom grossen Verkehr fast ausgeschlossen waren.
Dieser noch wenig zur äusseren Geltendmachung gekommenen
Erkenntniss gab ein Mann den praktischen Ausdruck, der das Eisenbahnwesen aus eigener Anschauung kennen gelernt, der den Einfluss
guter Communicationsmittel für die sittliche und wirthschaftliche

Entwickelung eines Volkes zu würdigen wusste, der namentlich eine Combination und eine agitatorische Kraft besass, die ihn über die in den Verhältnissen oft gegebenen Hindernisse hinwegführte. Es war diess FRIEDRICH LIST, der Deutschland im Jahre 1825 zu verlassen genöthigt gewesen, in den Vereinigten Staaten Nord-Amerika's eine Stätte gefunden und auch dort durch seine theoretische wie praktische Thätigkeit in volkswirthschaftlicher Beziehung sich Verdienste erworben und Anerkennung gefunden hatte, namentlich auch selbst Unternehmer einer Eisenbahn geworden war. Im Jahr 1832 war er wieder dauernd nach Deutschland zurückgekehrt und zwar zunächst nach Hamburg. Dort fand er jedoch mit seinen Ideen keinen Anklang, indem man ein deutsches Eisenbahnsystem geradezu als Chimäre betrachtete und höchstens eine Eisenbahn zwischen Hamburg und Hannover als rentabel erklärte. Im Jahre 1833 wandte sich LIST deshalb nach Leipzig, wo er geeigneteren Boden für seine Ideen zu finden hoffte und auch fand. Hier hatte sich schon seit einiger Zeit und namentlich ehe der Anschluss Sachsens an den Zollverein gesichert war, das Bedürfniss einer besseren Communication, sei es durch Eisenbahn oder Canäle, rege gemacht, indem man eine Umgehung und Abschliessung Leipzigs, das die damals noch mehr geachteten Vorzüge eines Wasserwegs entbehrte, befürchtete. Es waren deshalb schon Ideen über eine Verbindung mit der Elbe bei Strehla beziehentlich bei Magdeburg oder bei Halle durch die Saale aufgetaucht, die nun durch die Agitation LIST's in der Presse und insbesondere seine Schrift über ein sächsisches Eisenbahnsystem, „als Grundlage eines allgemeinen deutschen Eisenbahnsystems und insbesondere über die Anlegung einer Eisenbahn von Leipzig nach Dresden" (Leipzig 1833, bei A. G. Liebeskind) eine bestimmtere Richtung bekamen. Der nächste Anstoss zur Verwirklichung dieser Ideen ging von WILHELM SEYFFERTH (Firma VETTER & Co.) aus. Dieser, auf seinen Reisen in England mit den Vorzügen der Dampfwagen bekannt geworden, war es, der sich im Herbst 1833 zuerst mit LIST ins Vernehmen setzte und im Verein mit ALBERT DUFOUR-

Feronce, Gustav Harkort und Carl Lampe, wozu noch die Kaufleute
W. Gross und Aug. Olearius kamen, die Frage zur Berathung
brachte, wie die Idee einer Eisenbahn von Leipzig nach Dresden
verwirklicht werden könnte. List wies hierbei darauf hin, dass vor
Allem die Regierung wie Stände für die Sache gewonnen werden
müssten. Die gedachte Schrift desselben hatte sich deshalb auch an
die hohen und höchsten Behörden im Königreich Sachsen gerichtet,
von der Ueberzeugung ausgehend, dass sowohl die Gesetzgebung
als der Staatscredit erforderlich seien, um die Erbauung von Eisenbahnen zu ermöglichen, jedenfalls zugleich auch in der Voraussetzung,
dass das grosse Publikum nur nach Vorgang der Regierung und beziehentlich der städtischen Corporationen dem Projecte eine dauernde
Theilnahme zuwenden werde. Man hatte hierbei zwar zunächst die
Anlegung einer Eisenbahn zwischen Leipzig und Dresden im Auge,
dachte sich dieselbe aber zugleich im Zusammenhange mit einem
norddeutschen Eisenbahnsystem und Leipzig als Mittelpunkt desselben, wie es Mittelpunkt des deutschen Binnenverkehrs und des Buch-
handels mit seinen Messen war. Der deutschnationale Gesichts-
punkt wurde hierbei wesentlich hervorgehoben. Der der gedachten
List'schen Schrift beigefügte Plan ging noch weiter, indem er die
Linien für ein allgemeines deutsches Eisenbahnsystem enthielt und
zwar in einer mit den späteren Ausführungen ziemlich übereinstimmenden Weise. Für die Eisenbahn von Leipzig nach Dresden
wurden darin die Kosten auf 1 Million resp. 500,000 Thlr. geschätzt.

Die genannten Männer setzten sich nun zunächst mit dem
damaligen Königlichen Regierungs-Commissar in Leipzig, dem Hof-
und Justiz-Rath von Langenn*, in Verbindung, der von Anfang an das
thätigste Interesse für das Unternehmen bezeugte, und beschlossen,
die für unbedingt erforderlich erachtete Theilnahme der Regierung
durch eine desfallsige Petition zu erwirken. Durch Aufsätze im

---

* Jetzt wirklicher Geh. Rath, Exc., Präsident des Oberappellationsgerichts etc.
in Dresden.

Leipziger Tageblatte und den Einfluss der Presse war das Publikum
vorbereitet worden. Die Petition, von dem damaligen Handels-
consulenten D. Wiesand entworfen, ging denn auch mit 316 Unter-
schriften der angesehensten Personen und Handelshäuser Leipzigs
unterm 20. Novbr. 1833 an den genannten Königlichen Regierungs-
Commissar zur Vermittelung oder Ueberreichung bei der Regierung
ab. Von der Wichtigkeit guter Communicationen für den Handel
und Industrie Sachsens, namentlich Leipzigs, ausgehend und die
Eisenbahnen Leipzig-Chemnitz-Dresden als Haupthebel der Entwickelung dafür bezeichnend, ersuchte man darin

1. um Niedersetzung einer Commission zur Erörterung, auf
   welche Weise am zweckmässigsten und für welchen Kostenaufwand eine Eisenbahn zwischen Dresden und Leipzig auszuführen sei, und

2. die nöthigen Maassnahmen zu veranlassen, um die Ausführung einer solchen gemeinnützigen und aus mehrfachen
   Gründen zu beschleunigenden Unternehmung nicht durch
   die inzwischen vielleicht eintretende Vertagung der Ständeversammlung unmöglich gemacht zu sehen.

In letzterer Beziehung hatte man namentlich das Expropriationsgesetz im Auge, während man im Uebrigen daran festhielt, das
Project selbst als Privatunternehmen auszuführen.

Mit einem ausführlichen, auf die Sache selbst eingehenden gründlichen Berichte übergab Herr von Langenn diese Petition an das
Ministerium des Innern, an dessen Spitze damals Herr von Carlowitz
stand, ein Mann, der das regste Interesse für das Unternehmen in
dieser einflussreichen Stellung bewiesen und um die Förderung des
Projects grosse Verdienste sich erworben hat, die umsomehr anzu-
erkennen sind, je mehr Vorurtheile den Eisenbahnprojecten namentlich auch in staatswirthschaftlicher Hinsicht entgegenstanden und
je weniger die Regierungen anderer deutschen Staaten in der ersten
Zeit aufmunternd und fördernd sich bewiesen. Was in der ersten

Generalversammlung am 5. Juni 1835 der Vorsitzende des Comité, G. Harkort, von ihm aussprach, „sein Name möge in der Geschichte auch dieses Unternehmens ein dauerndes Denkmal finden“, dem mag hier Ausdruck gegeben werden.

Gleichzeitig ging die Petition an die zur Zeit tagende Ständeversammlung, wie auch auf Antrag der Leipziger Stadtverordneten der Stadtrath eine jene Petition unterstützende Eingabe an die Regierung richtete.

In den beiden Kammmern erfolgten hierauf den Gegenstand anerkennende Erklärungen, ohne dass jedoch in der Sache selbst ein Beschluss erfolgen konnte, während der Minister des Innern, nach Vorlage der Petition bei dem Könige Anton und dem damaligen Prinz-Mitregenten Friedrich August, den Herrn von Langenn nebst einigen Interessenten, Unterzeichnern der Petition, deren Wahl Jenem überlassen wurde, zur weiteren Besprechung über die zu ergreifenden Maassregeln nach Dresden zu einer Conferenz einlud. Dieselbe fand am 9. und 10. December 1833 in Dresden statt, und waren dabei der Minister von Carlowitz, der Geh. Reg.-Rath Dr. Merbach, Herr von Langenn und Harkort, Dufour-Feronce, Lampe und Seyfferth gegenwärtig. Hier sprach der Minister von Carlowitz die Geneigtheit der Regierung aus, dem sich für das Unternehmen bildenden Organ für die zunächst zu ergreifenden Vorbereitungsmaassregeln entgegenzukommen, wobei allerdings die Interessen des Staats bezüglich des Postregals hervorgehoben wurden. Vor Allem hielt man die Befragung von Sachverständigen für erforderlich, wobei auf Friedrich Harkort in Wetter a. d. Ruhr*, den Oberhüttenverwalter Alex in Lauchhammer und List, namentlich Rücksicht genommen wurde.

Am 10. December wohnte der Oberlandfeldmesser, Kammerrath von Schlieben, der Conferenz bei und entwickelte dort einen

* Dieser hatte sich durch eine Schrift über die Eisenbahn von Minden nach Cöln bekannt gemacht.

Plan für die zu wählende Linie, welche er als vortheilhaft auf dem linken Elbufer bezeichnete. Schliesslich wurde festgestellt, dass vor Allem durch die Unterzeichner der Petition ein Organ gewählt werden solle, welches die Sache in die Hand zu nehmen habe.

In einer von Herrn von Langenn am 10. Januar 1834 mit Gustav Harkort, Dufour, Seyfferth und Lampe abgehaltenen weiteren Conferenz wurde das Erforderliche deshalb besprochen und festgesetzt, dass eine Versammlung sowohl der Unterzeichner der Petition, wie des sonstigen, Interesse an der Sache nehmenden, Publikums einberufen werde, um ein Comité erwählen zu lassen.

Da die Regierung in der Absicht, nicht selbstthätig hierbei einzugreifen, es nicht für entsprechend erachtete, dass die Berufung und Leitung der Versammlung durch den Königlichen Regierungs-Commissar, der sich hierzu bereit erklärt hatte, erfolge, so wurde der Stadtrath von Leipzig veranlasst, sich dem zu unterziehen. Dies geschah dann auch in der Weise, dass Seiten des Stadtraths unterm 4. März 1834 im Tageblatt eine Bekanntmachung erlassen wurde, in welcher die Unterzeichner der gedachten Petition und alle, welche sich derselben zur möglichsten Beförderung des Unternehmens anzuschliessen gesonnen, zu einer Versammlung am 17. März 1834 im Börsensaale eingeladen wurden, um Eröffnung über den Stand des Unternehmens und die Wahl eines Ausschusses zu vernehmen. Inzwischen war man Seiten der genannten Hauptinteressenten thätig, das Publikum für die Sache zu gewinnen und richtigere Ansichten über Eisenbahnen, namentlich die von Leipzig nach Dresden projectirte zu verbreiten. Es geschah dies durch eine von List verfasste kleine Schrift unter dem Titel „Aufruf an unsere Mitbürger in Sachsen“, welche auf Kosten von Harkort, Dufour, Seyfferth und Lampe gedruckt, mit dem Tageblatte beziehentlich durch die Post gratis ausgegeben und versendet wurde. Die durch letztere Manipulation entstehenden Kosten erstattete das Ministerium des Innern. In dieser Schrift, unterschrieben „mehrere Unterzeichnete der Petition vom 20. Nov. 1833,“ wurde das Publikum auf das Interesse an einer Eisenbahn in Sachsen hingewiesen und namentlich hervorgehoben, dass es sich nicht um die Speculation Einzelner, sondern um ein das allgemeine Wohl bezweckendes Unternehmen handele, das auch durch die Allgemeinheit getragen werden solle. Es wurden die bisherigen Fortschritte und Resultate der Eisenbahnen erwähnt und die Vortheile einer solchen zwischen Leipzig und Dresden insbesondere entwickelt, wobei sich allenthalben im Wesentlichen an die obenangegebene List'sche Schrift über ein sächsisches Eisenbahnsystem angelehnt wurde. Namentlich galt es hierbei, auch die Vorurtheile wegen Benachtheiligung einzelner Gewerbe durch die Eisenbahnen zu beseitigen. Wenn in dieser Schrift unter anderm auf die durch die Eisenbahn zwischen Leipzig und Dresden für Leipzig zu verwerthenden Reichthümer der Dresdner Gegend an Steinen mit dem Bemerken hingewiesen wird, dass der Transport schon aus dem Grunde, um Leipzig mit Trottoirs zu versehen, von Interesse sei, so hat sich diese Bemerkung in der Folge als durchaus richtig erwiesen; denn schwerlich würde Leipzig ohne die Eisenbahn sobald Trottoirs erlangt haben. List konnte damals allerdings nur den Pirnaer Sandstein im Auge haben und schwerlich daran denken, dass durch den Lausitzer Granit der Stadt Leipzig die Trottoirs verschafft werden würden.

In der Versammlung am 17. März 1834, welche durch den damaligen Vorsitzenden des Magistrats, Stadtrath Friedrich Müller, geleitet wurde, waren etwa 250 Personen erschienen. Der Genannte hielt einen Vortrag über den bisherigen Gang des Projects und die Absichten der Regierung und legte die Bestimmungen in Bezug auf die Wahl des Ausschusses vor, welche angenommen wurden. Dieselben gingen im Wesentlichen dahin, dass 12 in Leipzig wohnhafte Interessenten durch abgegebene Stimmzettel als Mitglieder des Ausschusses gewählt werden sollten, denen das Recht eigener Constituirung und Cooptation hiesiger und auswärtiger Mitglieder eingeräumt wurde. Als Interessenten und demnach als wahlberechtigt und wählbar wurden nicht blos die Unterzeichner der Petition und die in der Versammlung Anwesenden, sondern jeder betrachtet, der seine

Theilnahme an der Unternehmung durch Abholung von Wahlzetteln erklären werde. Als Zweck des Ausschusses wurde die weitere Erwägung und Behandlung der für Vorbereitung des projectirten Eisenbahnunternehmens erforderlichen Schritte hingestellt.

Es wurden 388 Stimmzettel abgegeben und lt. Bekanntmachung des Stadtraths vom 3. April 1834 folgende 12 Männer nach Ordnung der Stimmenmehrheit in das **Eisenbahn-Comité**, wie der Ausschuss nun genannt wurde, gewählt:

Handelsgerichtsbeisitzer und Kaufmann HARKORT,
Kammerrath und Handlungsdeputirter FREGE,
Kaufmann DUFOUR-FERONCE,
Stadtrath und Kaufmann LAMPE,
Kaufmann OLEARIUS,
Kaufmann SEYFFERTH, Theilhaber von VETTER & Co.,
Kramermeister TENNER,
Kaufmann J. A. SCHÖNKOPFF,
Kaufmann PREUSSER,
Dr. CRUSIUS,
Kaufmann SCHMIDT (HAMMER & SCHMIDT),
Mechanikus HOFFMANN.

Die Wahl des Consul LIST konnte nach den obigen Wahlbestimmungen, da er nicht Mitglied der Leipziger Stadtgemeinde war, nicht anerkannt werden. Andere, wie Stadtrath MÜLLER und Oberpostamtsrath v. LÖBEN hatten die Wahl ausgeschlagen. Auch scheint, nach den Erklärungen auf die vom Stadtrath erfolgte Anzeige der Wahl zu schliessen, bei vielen der Genannten wegen der unbekannten und zu erwartenden Schwierigkeiten Bedenken über die Annahme geherrscht zu haben. Nur HARKORT, DUFOUR und SEYFFERTH erklärten sofort mit Bestimmtheit, dass sie die ehrenvolle Wahl annähmen.

Noch am 3. April 1834 constituirte sich der Comité durch Wahl GUSTAV HARKORT's als Vorsitzenden, AUGUST OLEARIUS' als Stellvertreter und Cooptation des Dr. Vollsack als Secretair. In der zweiten, am 4. April stattfindenden Sitzung wurde der Consul List einstimmig als Mitglied des Comité cooptirt.

Vor das Publikum trat der Comité mit einer Erklärung, welche zur Charakterisirung, wie er seine Aufgabe auffasste, wörtlich folgen mag:

„Erklärung und Bitte.

Der, laut Bekanntmachung E. E. Hochw. Stadtrathes hierselbst, nunmehr constituirte, unterzeichnete Comité hält es, bei dem Beginne seiner Arbeiten, für Pflicht, das Publikum zu versichern, dass er sich der Förderung des ihm anvertrauten Interesses mit regem Eifer und unermüdlicher Sorgfalt widmen und so bald wie möglich einen Bericht über den Erfolg seiner Bestrebungen der Oeffentlichkeit übergeben wird. Ermuthigt durch die Gewissheit des Schutzes und der Unterstütung unsrer hohen, erleuchteten und wohlwollenden Regierung, geht der Comité mit Vertrauen an sein Geschäft, obwohl die Schwierigkeiten nicht verkennend, die er zu überwinden haben wird. Es liegt in der Natur der Sache und in dem Mangel der nothwendigsten Vorarbeiten, dass die Herausstellung definitiver Ergebnisse, auch bei der angestreng- testen Thätigkeit eine geraume Zeit erfordern wird, und zwar um so mehr, je nothwendiger es ist, bei diesen Ermittelungen mit Gründlichkeit und Zuverlässigkeit zu Werke zu gehen. — Eben desshalb ist aber auch zu erwarten, dass die Theilnahme an dem hochwichtigen Unternehmen, dieser unvermeidlichen Zögerung wegen, nicht erkalten und desshalb kein Zweifel an dem Fort- schreiten desselben entstehen werde.

Der Comité benutzt diese Veranlassung, seine Ansicht öffent- lich dahin auszusprechen, dass er das grosse Unternehmen nicht als auf ein blos locales Interesse beschränktes betrachtet, nicht als die abgeschlossene Angelegenheit einer Stadt, einer Provinz und eines Landes; nein! als gemeinsame Angelegenheit des gesammten deutschen Vaterlandes; als Anfangs- und Anknüpfungspunkt einer sich nach allen Seiten verzweigenden grossartigen und segenverbreitenden Verbindung. Er wagt zu hoffen, dass diese Ansicht Anklang finden werde überall, und durchdrungen von der Ueberzeugung, dass das Unternehmen nur dann gedeihen könne, wenn es Unterstützung findet von allen Seiten, dass er insbesondere die ihm gestellte Aufgabe nur unter dieser Bedingung lösen zu können hoffen darf, richtet er seine angelegentliche Bitte darum an Alle, die Sinn haben für Beförderung deutschen Gemeinwohles. Mit dankbarer Bereitwilligkeit wird der Comité alle dahin zielenden Vorschläge und Nachrichten aufnehmen, prüfen und benutzen, und jedes einzelne seiner Mitglieder wird zu Empfange solcher Mittheilungen, die jedoch schriftlich erbeten werden, stets bereit sein.

Leipzig, den 6. April 1834.“

So war der erste organisatorische Schritt zur Verwirklichung eines Unternehmens geschehen, dem die Meisten noch ganz fremd gegenüber standen, über dessen technische und pecuniäre Voraussetzungen noch Niemand etwas Sicheres wusste, über dessen Natur und Bedeutung im Publikum nur mehr noch Gerüchte umhergingen, für dessen Ausführung weder materielle noch geistige Kraft im eigenen Lande hinreichend vorhanden schien und gegen das sich die für unsere Zeit unglaublich klingenden Ansichten aussprachen. Explosion, Schwindel und Ersticken waren nicht selten Gründe, die gegen die Anwendung von Dampfwagen angeführt wurden, abgesehen von dem Geschrei der durch Einführung der Eisenbahnen sich gefährdet sehenden Klassen der Gewerbtreibenden, Fuhrleute, Gastwirthe, Schmiede, Sattler und dergl. Das Project Leipzig-Dresden selbst anlangend, hatte nicht nur an sich in der Tagespresse Gegner gefunden, indem man namentlich eine Bahn nach Frankfurt a./M. als rentabler hinstellte, sondern es wurden über die zu nehmenden Richtungen selbst die verschiedensten Ansichten geltend gemacht.

Der Comité glaubte zunächst den Rath und den Beistand auch auswärtiger Techniker und Capitalisten suchen zu müssen. Man erwählte desshalb folgende Männer zu Ehrenmitgliedern:

Bankdirector W. Reichenbach in Berlin,

Friedrich Georg Wieck in Chemnitz,

Frhr. von Burgk in Dresden,

Wasserbaudirector Hauptmann Kunz in Dresden,

Oberinspector Lohrmann in Dresden,

Louis Meisel in Dresden,

Oberlandfeldmesser, Kammerrath von Schlieben in Dresden,

Prof. Dr. Egen in Elberfeld,

Maschinendirector Brendel in Freiberg,

Stadtrath Wucherer in Halle,

Senator Jenisch in Hamburg,

Oberhüttenmeister Alex in Lauchhammer,

J. Schönerer, Bauführer der k. k. priv. 1. Eisenbahngesellschaft in Linz,

Oberbürgermeister Francke in Magdeburg,

Graf zur Lippe in Neuland bei Löwenberg,

Banquier Platner, Landtagsabgeordneter in Nürnberg,

Frhr. Cotta von Cottendorf, königl. bayerischer Kammerherr in Stuttgart,

Friedrich Harkort in Wetter a. d. Ruhr,

zu denen später noch andere hinzutraten, wie Ritter J. von Baader, der bereits im Jahre 1828 mit List wegen Eisenbahnen in Correspondenz gestanden hatte, um diese Männer bei den für nöthig erachteten Erörterungen zu interessiren und umfassende Verbindungen vorzubereiten. Alexander von Humboldt, dem die Ehrenmitgliedschaft gleichfalls angetragen war, lehnte in einem verbindlichen Schreiben ab. Der Wasserbaudirector Hauptmann Kunz, der später für die Ausführung des Unternehmens von solcher Wichtigkeit werden sollte, äusserte sich in einem Schreiben an den Regierungs-Commissar von Langenn über die erfolgte Ernennung zum Ehrenmitgliede folgendermaassen:

„Seit langer Zeit hat mich in meinem einfachen Stillleben nichts so freudig überrascht und wahrhaft elektrisirt, als der vor 3 Tagen an mich gelangte Brief des Herrn Harkort, in welchem mir mitgetheilt wird, dass ich zum Ehrenmitglied des Comité für die Eisenbahn von Leipzig nach Dresden erwählt worden sei, — an Willen und Eifer soll es nicht fehlen, mich nützlich zu machen, soweit meine Kräfte ausreichen.“

Der Comité glaubte nun seine Thätigkeit ausser der Wahl der zu veranschlagenden Tracte hauptsächlich auf folgende Punkte richten zu müssen:

1. auf Ermittelung des Preises und der Qualität des zu verwendenden Holzes, Eisens und Steinmaterials;

2. auf die Erörterungen über Dampfmaschinen und Wagen;

3. auf die Grösse der Transporte zwischen Leipzig und Dresden, namentlich derjenigen der Naturproducte;

4. auf die im Auslande gemachten Erfindungen und Verbesserungen im Eisenbahnwesen und Einsicht der darüber erscheinenden Schriften.

Das Programm hierfür war besonders von List ausgegangen, und wurden die einzelnen Fragen unter die Mitglieder des Comité zur hauptsächlichsten Vorbereitung vertheilt. An die Regierung stellte man Anträge auf folgende Punkte:

1. Anwendung der beim Chausséebau geltenden gesetzlichen Vorschriften auf die Errichtung von Eisenbahnen, Erlass eines Expropriationsgesetzes;

2. Entwerfung und Veröffentlichung einer Situationskarte und eines Profil-Aufrisses mit Höhen- und Längen-Angaben über die als passendst erscheinende Richtung der anzulegenden Eisenbahn durch die der Regierung zu Gebote stehenden Kräfte und Hülfsmittel;

3. Bewilligung der Kosten für die erforderlichen Vorarbeiten bis zur Feststellung der Pläne, der Kostenanschläge und Ertragsberechnungen, sowie endlich

4. Autorisation und Veranlassung der sächsischen Consuln in Amerika zu Auskunftsertheilungen über das dortige Eisenbahnwesen betreffende Angelegenheit *.

Auf diese durch Vermittelung des Königlichen Regierungs-Commissars an das Ministerium des Innern gelangten Anträge erliess das Ministerium bereits unterm 15. April 1834 im Wesentlichen entsprechende Antwort mit dem Beifügen, dass der Oberlandfeldmesser, Kammerrath von Schlieben beauftragt worden sei, dem Comité nicht nur die von ihm bis jetzt gefertigten Vorarbeiten, sondern auch alle andern vorhandenen Hülfsmittel zur Prüfung und Beurtheilung des in Betracht zu ziehenden Terrains vorzulegen und demselben mit seinem Rathe und den ferneren Vorarbeiten seines Faches an die Hand zu gehen. Hierbei sprach das Ministerium seine besondere Befriedigung über die getroffene Wahl des Comité und seines Vorsitzenden aus, „worin es eine sehr beruhigende Bürgschaft für das Gelingen des ganzen grossartigen und die erfreulichsten Resultate verheissenden Unternehmens gefunden habe, dem es daher um so bereitwilliger seine möglichste Unterstützung angedeihen lassen werde." Diess Versprechen hat die Regierung auch getreulich erfüllt. Nicht nur, dass stets in schnellster Weise auf die Anträge des Comité resolvirt wurde, auch in anderer Beziehung war sie immer bereit, soweit als möglich unterstützend und fördernd einzugreifen.

In einer Conferenz mit dem Kammerrath von Schlieben am 25., 26. und 27. April 1834, welcher Herr von Langenn, sowie an den beiden letzten Tagen der Hauptmann Wasserbaudirector Kunz bei-

* Eine in Folge dessen von dem sächsischen Consul Melly in New-York eingegangene Büchersendung im Anschaffungspreis von $17^{1}/_{2}$ Thlr. gelangte über Hâvre mit einem Porto von Thlr. 265. 18 Gr. 3 Pf. belastet an die Regierung.

wohnte, wurde über die Wahl des den Vorarbeiten zu Grunde zu legenden Tracts ausführlich berathen. Es kamen dabei verschiedene Linien zur Sprache, die eine, welche zugleich Chemnitz mit berühren sollte, wofür auch in der Presse sich schon Stimmen erhoben hatten — eine andere über Grimma, Leisnig, Döbeln längs der Freiberger Mulde, nach dem Weiseritzthal,* eine dritte über Meissen auf dem linken Elbufer, eine vierte bei Strehla auf das rechte Elbufer übergehend. Die letztere wurde vom Hauptmann KUNZ empfohlen und demselben zur weiteren Bearbeitung anheim gegeben, da sie in Anbetracht der Schwierigkeiten, welche sich bei den übrigen Routen ergaben, trotz des Umwegs nicht zu verwerfen schien. Die erste und zweite Route wurden ohne Weiteres abgelehnt, für die dritte über Meissen legte der Kammerrath VON SCHLIEBEN mehrere Varianten vor. Von diesen sollte die eine mit einem 1828 Fuss langen Tunnel durch den oberhalb Meissen gelegenen Blossenberg in das Triebischthal und einer 1050 Fuss langen und 50 Fuss hohen Brücke über dieses Thal, sowie einer stehenden Dampfmaschine für eine 4000 Fuss lange und 300 Fuss hohe Fläche die dort vorhandenen Schwierigkeiten überwinden, während eine andere auf einem 1700 F. langen Viaducte bei Meissen, sodann bei Zehren und Lommatzsch vorbei über Striegnitz, durch den Hubertusburger Wald nach Wurzen und Leipzig führte. Die letztere wurde dem Ministerium zur speciellen Nivellirung und Veranschlagung der hier vorkommenden Dämme, Viaducte, Durchstiche und Ueberbrückungen empfohlen. Diese Arbeit wurde dann auch von dem genannten Oberlandfeldmesser mit den ihm unterstehenden Arbeitskräften und sonstigen Hülfsmitteln in Angriff genommen, während der Hauptmann KUNZ bereits mit Schreiben vom 16. Mai 1834 eine weitere Ausführung seiner von ihm in der obengedachten Conferenz ausgesprochenen Ideen über die Wahl der Linie auf dem rechten Elbufer einreichte, wobei er über die inzwischen am linken Elbufer begonnenen Nivellementsarbeiten

---

* Es ist dies eine Route, welche in der Jetztzeit wieder hervorgesucht ist.

und deren sich bereits als nothwendig herausstellenden Veränderungen bemerkte:

„incidit in Scyllam, qui vult vitare Charybdin."

Diese dem Commissar zugegangene Ausführung wurde dem Comité auch mitgetheilt, welcher in Folge dessen an die Regierung das Ersuchen stellte, den Hauptmann Kunz behufigen Auftrag zur Bearbeitung dieser Linie zu ertheilen. Diesem Ersuchen, sowie dem andern Antrage, dass zur Fertigung genauer Anschläge über die erforderlichen Erd- und Dammarbeiten, Brücken, Bogen etc. ein befähigter Chausséebaubeamter mit Auftrag versehen werde, wurde von der Regierung bereitwilligst entsprochen und für dieses Geschäft der Chausséebau-Inspector Kögel bestimmt.

Der Comité erachtete es nun, wie er aus öffentlicher Wahl hervorgegangen war, für seine Pflicht und zugleich im Interesse der Sache geboten, über seine Wirksamkeit dem Publikum in fortlaufenden Berichten Rechenschaft abzulegen und so die Theilnahme für das Unternehmen mehr und mehr zu erwecken und wach zu erhalten.

Hieraus sind sieben Berichte des Eisenbahn-Comités an das Publikum hervorgegangen, deren erster am 14. Juni 1834, deren letzter am 10. Mai 1835 erschien. Um dieselben hat namentlich der Consul List Verdienste, indem dieser unter Beiziehung einiger anderer Comité-Mitglieder die Entwerfung übernahm, während im Plenum selbst die Prüfung und schliessliche Redaction erfolgte. Sie enthalten die wesentlichsten Resultate der Arbeiten des Comités, obwohl daneben noch die verschiedenartigsten Verhältnisse und Fragen zu erörtern und zu erledigen waren, und geben zugleich die interessantesten Aufschlüsse über das Eisenbahn- und Verkehrswesen jener Zeit überhaupt. Der erste Bericht bringt Daten, wie sie im Vorstehenden bereits dargestellt sind; der zweite Bericht die Resultate der Untersuchungen über den Verkehr zwischen Leipzig und Dresden, wobei man wiederum Seiten der Behörden mit anerkennenswerther Bereitwilligkeit entgegen kam. Hierbei wurde, allenthalben ohne Berücksichtigung des Zwischenverkehrs,

1. für den Personentransport die Zahl von 32,000 Reisenden angenommen, welche an Fuhrgeld und Zehrung etwa 99,127 Thlr. aufwenden sollten;

2. für den Waarentransport ein Quantum von 306,000 Ctr. mit einem Frachtbetrag von 153,000 Thlr., à 12 Gr. pr. Ctr., berechnet;

3. für den Salztransport ein Quantum von 92,500 Ctr. mit einem Frachtbetrag von 29,700 Thlr. und

4. für den Holztransport ein Quantum von 13,924 Klaftern à 1 Thlr. zu 13,924 Thlr. angenommen.

Das Gesammterträgniss der zur Zeit bestandenen Transporte von 295,751 Thlr. 2 Gr. wurde als den landesüblichen Zinsfuss des Anlagecapitals zum Mindesten garantirend hingestellt und auf die muthmaassliche Vermehrung der Transporte namentlich des Personenverkehrs, auf den man das meiste Gewicht legte, nach Herstellung der Eisenbahn hingewiesen, wobei man Beispiele bereits bestehender Eisenbahnen in England und Amerika anzog, um den wohlthätigen Einfluss derselben in dieser Beziehung hervorzuheben. Es galt zu zeigen, dass Eisenbahnen nicht allein die vorhandenen Transporte übernehmen, sondern dieselben auch hervorrufen würden. Zu diesem Behufe verwiess man besonders auf die Steinkohlen des Plauen'schen Grunds, die Pirnaischen Sandsteine, die Rohproducte und dergl., und erwartete die wohlthätigen Folgen namentlich dann, wenn andere Eisenbahnlinien sich in Leipzig die Hände reichen würden. Hinsichtlich der in diesem Berichte aufgestellten Zug- und Administrations- sowie Baukosten, von denen die ersteren auf 1 Groschen per Ctr. zwischen Leipzig und Dresden, letztere auf etwa 500,000 Thlr. veranschlagt wurden, hatte der Comité übrigens einen Angriff von einer Seite zu erfahren, die zu jener Zeit für sehr competent gehalten werden musste. Es war diess der Ritter von Gerstner, der Erbauer der Linz-Budweiser Pferde-Eisenbahn, welcher namentlich gegen mehrere Minister in Dresden seine Ansicht darüber dahin ausgesprochen hätte, dass die Sätze viel zu niedrig gegriffen seien.

Der dritte Bericht an das Publikum vom 14. Juli 1834 brachte in klarer und überzeugender Weise eine Aufzählung der Vortheile, welche die Herstellung von Eisenbahnen für alle betheiligten Kreise des Volks mit sich führen würde. Er zeigte, was die Grundbesitzer, was die Industriellen gewinnen würden und wie wenig der etwaige Nachtheil Einzelner dagegen in Betracht kommen könne. Und um auch den militärischen Kreisen gerecht zu werden, wurden in einer Anlage zu diesem Berichte die Vortheile der Eisenbahnen in Kriegszeiten hervorgehoben. Diess scheint heute Allen klar und selbstverständlich, damals handelte es sich aber darum, diesen Ansichten erst Eingang und Geltung zu verschaffen, das Material und die Unterlagen dafür zu erlangen und entsprechend zu verarbeiten.

In einem vierten Berichte am 24. September 1834 wurde über die verschiedenen Arten und die Kosten des Oberbaus der Eisenbahnen ausführlich verhandelt. Von den drei Bauarten, der sogen. massiven, dem Stein- und dem Holzbau wurde letztere als die vorzüglichste, weil billigste und zugleich zweckentsprechend empfohlen. Dieselbe, namentlich in Amerika, sowie auf der Linz-Budweiser Bahn angewandt, bestand darin, dass 2 Zoll breite und $1\frac{1}{2}$ bis $\frac{5}{8}$ Zoll starke Eisenschienen auf starke Geleisbäume, welche in mehre Fuss von einander entfernt liegenden Schwellen eingekeilt lagen, festgenagelt wurden. Von einigen Seiten stellte man hierbei die Ansicht auf, dass es in einer Ebene wie bei Leipzig zulässig sein würde, die Gleise gleich auf die Chausée zu legen.

In dem Berichte wurden die Kosten des Holzbaus inclusive Ausweicheplätzen und 5 % für unvorhergesehene Ausgaben auf 37,558 Thlr. 12 Gr. per sächsische Meile von 32,000 Fuss berechnet, während die Kosten der massiven Bauart auf über 92,000 Thaler angenommen wurden. Die bereits damals vielfach gegen den bald verlassenen Holzbau erhobenen Bedenken wurden ausser durch technische Gründe, wobei sich allenthalben mit auf das Gutachten des Maschinendirector Brendel in Freiberg gestützt wurde, namentlich durch die Erwägung beseitigt, dass es sich vor Allem darum handeln müsse, eine Eisenbahn möglichst schnell und mit möglichst geringen Kosten gewinnbringend herzustellen. Denn die Möglichkeit, die kostspielige massive Bauart wie in England durchzuführen, wurde bezweifelt und überhaupt damals in dem Comité namentlich die von List vertretene Ansicht festgehalten, nur erst die Ausführbarkeit und die Vortheile einer Eisenbahn zu zeigen, um dadurch für andere Projecte Beispiel und Anregung zu gewähren. Der Uebergang zum kostspieligen massiven Bau sollte für die spätere Zeit nicht ausgeschlossen sein. Man sieht hieraus, wie wenig Vertrauen man damals in die finanziellen Kräfte haben zu können glaubte, und wie sehr man fürchtete, dass ein verfehltes Unternehmen dem Bau von Eisenbahnen überhaupt nachtheilig sein würde.

In einem fünften Bericht an das Publikum vom 25. Octbr. 1834 hielt man es für nöthig, die Bedenken wegen einer möglichen Concurrenz der damals in England in Anwendung gekommenen Chausséedampfwagen gegenüber den Eisenbahndampfwagen sowohl im Allgemeinen als speciell für Deutschland zu beseitigen und in einem sechsten Berichte vom 25. Novbr. 1834 die wahrscheinliche Rentabilität einer Leipzig-Dresdner Bahn im Vergleich zur Liverpool-Manchester, der Budweis-Linzer und Prag-Pilsener* Bahn nachzuweisen, hinsichtlich ersterer mit Bezugnahme auf die Kostspieligkeit des Baus und der Administration, bezüglich der letzteren unter Hervorhebung ihrer verfehlten Anlage.

Inzwischen wurden die auf das Unternehmen selbst bezüglichen Arbeiten gefördert. Der Kammerrath von Schlieben unter Zuziehung der Kameral-Vermessungsbeamten, wobei namentlich auch der Oberinspector Lohrmann und der Counducteur Pressler thätig waren, führte die Vermessungs- und Profilirungsarbeiten der Linie über

---

* Dieselbe wurde nur bis Lana ausgeführt.

Meissen ihrem Ende entgegen, während der Hauptmann Kunz diese
Arbeiten mit den ihm unterstehenden Beamten über Riesa beziehent-
lich Strehla ausführte, und der Chausséebau-Inspector Koegel die
Veranschlagung beider Linien übernahm.

Wie den Genannten hierbei von der Regierung die Erfüllung
ihrer übrigen Berufsgeschäfte zur Bedingung gemacht war, so übernahm sie auch deren Salarirung und Auslösung in der Weise, dass
sie die erforderlichen Gelder an das Comité auf Berechnung über-
wies. Einen Theil derselben, gegen 1000 Thlr., hat die Compagnie
später restituirt. Die Arbeiten des Herrn von Schlieben, durch den
schon vorher eine Karte des projectirten Eisenbahntracts angefertigt
war, gingen im Januar 1835 ein; die des Wasserbaudirector Kunz,
durch die ungünstige Witterung aufgehalten, folgten einige Monate
später. Entsprechend damit nahmen die Arbeiten der Kostenver-
anschlagung ihren Fortgang.

Zu den wesentlichsten Fragen, womit sich der Comité weiter zu
beschäftigen hatte, gehörte die Prüfung des von der Regierung ihm
desfalls mitgetheilten Expropriationsgesetzentwurfs, sowie das Verhältniss der zukünftigen Actiengesellschaft zur Staatsregierung und
die Bearbeitung der Gesellschafts-Statuten; alles Verhältnisse, die
sich auf den Betheiligten bis jetzt fremdem Gebiete bewegten, die
aber mit Energie bald und glücklich erledigt wurden.

Der Entwurf des Expropriationsgesetzes wurde bereits Anfang
August 1834 von dem Reg.-Commissar Herrn von Langenn mit
einigen Comitémitgliedern, Olearius, Tenner, Dufour und List,
berathen und mit Bemerkungen versehen an das Ministerium des
Innern zurückgegeben. Diese waren hauptsächlich auf Erleichterungen des Taxationsverfahrens gerichtet. Der Gesetzentwurf
selbst gelangte mit Decret vom 30. September 1834 an die Stände.
Die Berathung und Abstimmung über den Entwurf fand in der
II. Kammer am 22. October 1834 statt. Hieraus, sowie aus den Beschlüssen der I. Kammer ging das mittelst der unterm 29. October
1834 überreichten ständischen Schrift angenommene Gesetz vom

3. Juli 1835 wegen Abtretung der zu Erbauung einer von Leipzig nach Dresden anzulegenden und nach Befinden bis zur Grenze zu verlängernden Eisenbahn erforderlichen Grundeigenthums in 11 Paragraphen hervor. Die Publikation erfolgte deshalb erst später, weil die Constituirung der Gesellschaft und die Genehmigung der Linie selbst vorausgehen musste, um das lediglich für die Eisenbahn zwischen Leipzig und Dresden gegebene Gesetz zur Anwendung bringen zu können.

Die Debatte in der II. Kammer zeigte übrigens, wie wenig selbst in solchen Kreisen die Ueberzeugung von der Heilsamkeit und dem wohlthätigen Einfluss einer Eisenbahn für das allgemeine Wohl und die Möglichkeit ihrer Ausführung festen Fuss gefasst hatte; denn, bei aller Befürwortung des Projects von den meisten Rednern, erhoben sich doch mehrere Stimmen gegen das Unternehmen unter Hinweis auf die prekären Vortheile desselben in England, und erklärten die vorhandenen Communicationsmittel für den Handel und die Industrie Sachsens für ausreichend.

Für die Statuten hatte zuerst Olearius einen Entwurf aufgestellt, welcher nach vorläufig allgemeiner Berathung über die Grundbestimmung dem Secretair des Comité, Dr. Vollsack, zur weiteren Bearbeitung übergeben wurde, worauf Ende Februar und Anfang März 1835 zunächst im Comité und dann mit dem Reg.-Commissar Herrn von Langenn die Beschlussnahme erfolgte. Ueber den Subscriptionsmodus und die Aufbringung des Capitals waren verschiedene Vorschläge sowohl im Comité wie von anderer Seite gemacht worden. So war von einer Seite die Ausgabe von 300,000 Appoints à 5 Thlr., gleichsam als einer freiwilligen Anleihe zur Erreichung eines patriotischen Zwecks, von einer anderen Seite eine Art Lotterie, von anderer Seite wiederum die Ausgabe von Bons beantragt worden, welche dann an Zahlungsstatt für die Frachten auf der künftigen Eisenbahn angenommen werden sollten.

In gleicher Weise wie bei den Statuten war hinsichtlich der Normirung des Verhältnisses des Comité beziehentlich der zukünftigen Actiengesellschaft zum Staate verfahren worden. Zu dem Zwecke wurde zunächst Dr. Crusius zur persönlichen Verhandlung nach Dresden gesandt und darauf von Dufour ein Entwurf zu einem desfallsigen Vertrage mit der Staatsregierung, wobei es hauptsächlich mit auf die Entschädigung wegen des Postregals ankam, über welche eine besondere Verhandlung stattgefunden hatte, vorgelegt und darüber berathen. Der Regierungs-Commissar übermittelte beide Entwürfe, sowohl die der Statuten wie die der Concessionsbedingungen, unterm 17. März 1835 mit einem Berichte an das Ministerium des Innern, welcher sowohl von dem grossen Interesse an dem Unternehmen wie von der tiefen und richtigen Auffassung des Eisenbahnverkehrs überhaupt zeugt und wodurch sich dieser Mann ein grosses Verdienst um die so schnell erfolgte Realisirung des Projects erworben hat. Von ihm sagte der Vorsitzende des Comité in der I. Generalversammlung am 5. Juni 1835

„Die erste Idee des Unternehmens mit lebendiger Theilnahme ergreifend und festhaltend hat er uns stets zur Seite gestanden als der eifrigste Freund, Berather und Beförderer; seiner Ermunterung, seinem Rathe, seiner Unterstützung verdanken wir es, dass wir nicht muthlos geworden sind auf dem oft schwierigen Pfade, seiner Verwendung die erfreulichsten Erfolge."

Mit Ende April 1834 schied Herr von Langenn aus seiner bisherigen Stellung in Leipzig und es endete damit sein Verhältniss zu dem Unternehmen. Durch Verordnung des Ministeriums des Innern vom 11. Mai 1835 ward der Kreisdirector von Falkenstein zum Regierungs-Commissar bestellt, welcher der Sache gleiches Interesse entgegen brachte und dauernd bewährte.

Rücksichtlich der Statuten und der Concessionsbedingungen fand am 30. April 1834 noch eine mündliche Verhandlung einer Deputation des Comités mit der Staatsregierung in Dresden statt, als deren Resultat das Decret, die Concession einer Eisenbahn zwischen Leipzig und Dresden sowie des Entwurfs der Statuten der Leipzig-Dresdner Eisenbahn-Compagnie vom 6. Mai 1835, anzusehen ist. Besonders hervorzuheben ist hierbei das Zugeständniss der Aus-

gabe von einer halben Million unverzinslicher Cassenscheine, welche
sich als eine wesentliche Förderung des Unternehmens erwiesen hat
und wofür dem damaligen Finanzminister von Zeschau warme Anerkennung zu zollen ist.

Nachdem somit Alles vorbereitet erschien, um zur Verwirklichung des Unternehmens das Publikum zur Subscription des Actiencapitals aufzufordern, wurde in dem siebenten Bericht vom 10. Mai
1835 eine übersichtliche Darstellung der Resultate aller bisherigen
Arbeiten gegeben. Indem hier wiederholt auf den Charakter und
die Bedeutung der Eisenbahnunternehmungen für die Entwickelung
des allgemeinen Wohlstandes, überhaupt auf die Vortheile eines
deutschen Eisenbahnsystems und der Priorität hierin hingewiesen
wurde, hob man die voraussichtlich günstigen Resultate der Eisenbahn auf der Route von Leipzig nach Dresden hervor. Beigelegt
war dem Bericht die Uebersicht der Veranschlagung der Anlage-
kosten der Bahn sowohl über Mügeln, Lommatzsch und Meissen,
als über Dahlen und Strehla nach Dresden. Erstere betrugen nach
den höchsten Berechnungen der Techniker und mit einem Zuschlag
von 10 %, unter Annahme des obengedachten Holzbausystems
für Unter- und Oberbau, Grundentschädigungen, Gebäude und
Maschinen

$$1,955,926 \text{ Thlr. } 9 \text{ Gr.,}$$

letztere

$$1,808,991 \text{ Thlr. } 10 \text{ Gr. } 11 \text{ Pf.}$$

Darauf hin war ein Baucapital von 2 Millionen Thalern in Aussicht genommen. In dem vom Comité unterm 12. Mai 1835 erlassenen
Prospectus wurden die wesentlichsten Momente des zukünftigen Unternehmens hervorgehoben, namentlich die Höhe des Actien-Capitals,
welches auf 1,500,000 Thlr. in Actien à 100 Thlr. und halben à 50 Thlr.,
diese ohne Stimmrecht, normirt, sowie der wahrscheinliche Ertrag
der obgedachten Transporte, welcher mit $9^3/_4$ % berechnet wurde.
Auch wurden die im Decret vom 6. Mai 1835 bewilligten Privilegien
speciell aufgeführt, namentlich das ausschliessliche Recht zur An-

legung einer directen Bahn zwischen Leipzig und Dresden, sowie der Fortsetzung nach dem Auslande, das bereits gedachte Privileg, für ¹/₂ des Capitals unverzinsliche Cassenscheine zu creiren, das Recht freier Bestimmung der Fahrtaxen bis zur Höhe der damaligen Frachtsätze sowie die Ueberlassung des Transports der Reisenden zu den bestehenden Posttaxen, jedoch gegen Entschädigung der Postcasse. Dieselbe war für die ersten 3 Jahre nach Eröffnung der Bahn auf 10,000 Thlr., bei einer Rente von $4^{1}/_{2}\,^{0}/_{0}$ auf 12,000 Thlr. und bei Steigen derselben auf $5^{0}/_{0}$ auf 15,000 Thlr. jährlich festgestellt, mit dem Bemerken, dass dieses Aequivalent gegen den bisherigen Betrag des Personenpostgeldes bedeutend zurückbleibe. Vorbehalten war dabei noch die Entschädigung der Stationsinhaber auf der Postroute zwischen Leipzig und Dresden und des Fiscus wegen des zu erwartenden Ausfalls in den Brücken- und Chausséegeldern. Zu den Privilegien wurde auch die Ueberlassung des Salztransports zu den damaligen Frachtpreisen, deren Ertrag auf 29,700 Thlr. veranschlagt war, gerechnet, ferner die Zusicherung des Transports der Poststücke für Rechnung der Post und die Gestattung eigener Ausübung der Bahnpolizei und dergl.

Man verwies ausserdem auf die die Rechte der Actionaire sichernden Bestimmungen der Statuten, nach denen bei der Zeichnung von 7500 Actien die Gesellschaft für constituirbar erklärt wurde.

Der **Bau der Bahn** sollte innerhalb zweier Jahre nach Angriff des Werks beendigt werden. Der Prospect schloss mit folgenden Worten:

„Dieses durch mehr als zwölfmonatliche Vorarbeiten eingeleitete grosse Nationalunternehmen empfiehlt sich als Anfang und Mittelpunkt eines allgemeinen deutschen Eisenbahnsystems und durch die dadurch eröffnete Aussicht, künftig grosse Capitalsummen auf ausgezeichnet vortheilhafte Weise anzulegen, indem Capitale auf gelungene Eisenbahnrouten verwendet, durch das schnelle und bedeutende Steigen ihrer Actien und Dividenden hinsichtlich der Grösse des Gewinnes den Fabrikcapitalen, durch die vollkommene Sicherheit, welche sie den Actieninhabern gewähren, den im Grundeigenthum angelegten Capitalen, und durch ihre leichte Umsetzbarkeit den Staatspapieren gleichkommen, folglich die Vortheile aller drei Arten in sich vereinigen, ohne ihren Nachtheilen ausgesetzt zu sein, da ihre Existenz und ihr Ertrag weder den Veränderungen der Mode und der Erfindungen, noch den Handelsfluctuationen noch der Veränderlichkeit der Witterung und der Getreidepreise noch überhaupt dem steten Wechsel der Ereignisse unterworfen sind."

Gleichzeitig erfolgte eine Ausstellung der Profilrisse und Zeichnungen, arrangirt durch die Comité-Mitglieder Lampe und Hoffmann, auf dem Gewandhaus gegen ein zum Besten der Armenkasse bestimmtes Eintrittsgeld.

Die Annahme der Unterzeichnungen sollte vom 14. Mai 1835 ab im Büreau des Comité, welches sich im Kramerhause befand, erfolgen. Man glaubte mehrere Tage, ja Wochen zu bedürfen, um die erforderlichen Zeichnungen zu erhalten, und hatte deshalb eine Reihenfolge bestimmt, in welcher die Mitglieder des Comité anwesend sein sollten, während im Büreau selbst 2 Gehülfen angestellt wurden, von denen der eine, Jasper Heinecken, jetzt 78 Jahre alt, noch als Buchhalter im Dienste der Compagnie ununterbrochen thätig ist.

Es war ein überraschender und durchaus unerwarteter Erfolg, als sich herausstellte, dass mit Ausschluss von 1500 für das königliche Haus und die Ministerien unter eigener Verantwortlichkeit des Comité reservirten Actien an einem Tage fast sämmtliche 15,000 Stück, am anderen Morgen bei Wiedereröffnung des Büreau sogleich der ganze Rest gezeichnet wurde und spätere Anfragen zurückgewiesen werden mussten. Man hatte diesen Erfolg so wenig erwartet, dass die Interimsscheine in hinreichender Anzahl gar nicht vorräthig waren. Die von den reservirten 1500 Stück übrig bleibenden Actien wurden theils Männern, die um das Unternehmen bisher sich Verdienste erworben hatten, theils den Städten Leipzig und Dresden (je 200 Stück) überlassen, theils auch (788 Stück) je zur Hälfte in Leipzig und Dresden zum Vortheil des Unternehmens versteigert. In ersterer Stadt wurde dafür eine Prämie zusammen von 5293 Thlr., 12—14 % Agio, in letzerer von 4804 Thlr., ca. 12 % Agio, erzielt, ein Beweis, welche Theilnahme und günstige Beurtheilung das Unternehmen bereits fand.

Man ging nun unverzüglich daran, die erste Generalversammlung zu berufen. Es wurde dafür der 5. Juni 1835 und als Lokal der Saal des Gewandhauses bestimmt. Hier fanden sich, nach der notariellen Feststellung der requirirten Notare, Dr. Gustav Friedrich Hoffmann und Adv. Leberecht Ernst Wilhelmi, 217 Actionäre mit 7233 Interimsscheinen und 926 Stimmen ein. Der Vorsitzende des Comité, Harkort, eröffnete die Versammlung mit einem Vortrag, in welchem er ausser dem Hinweis auf den bisherigen Erfolg und namentlich die überraschend günstigen Zeichnungen zur Vornahme der Wahlen für 20 Ausschussmitglieder in Gemässheit der Statuten, aufforderte. Der Regierungs-Commissar, Kreisdirector von Falkenstein, fügte dem die Versicherung der dem Unternehmen geneigten Gesinnung der Staatsregierung hinzu und Consul List sprach über das vorliegende Unternehmen, sowie den weiteren Ausbau des deutschen Eisenbahnsystems, namentlich hinsichtlich einer Verbindung mit Berlin, Magdeburg und Hamburg. Dieser Vortrag fand nicht die entsprechende Beachtung, weil man bei seinen weitausschenden Plänen für das der Versammlung zunächst am Herzen liegende Project fürchtete.

Aus den Wahlen der Generalversammlung gingen hervor die obengenannten 14 hiesigen Comitémitglieder und ausserdem:

Fr. Fleischer, Stadtrath, Buchhändler in Leipzig,

Stadtrath Wucherer in Halle, — Ehrenmitglied des Comité —,

Stadtrath Jul. Salomon
Appellationsrath Dr. Haase,
Kaufmann P. L. D. Sellier,
Kammerrath Gruner, } Leipzig.

Diese cooptirten sich in einer am 10. Juni 1835 stattgefundenen Sitzung weitere zehn Mitglieder und zwar:

<table>
<tr><td>den Obersteuerprocurator Reiche-Eisenstuck,</td><td rowspan="4">Dresden</td></tr>
<tr><td>Bürgermeister Hübler,</td></tr>
<tr><td>Kaufmann Louis Meisel,</td></tr>
<tr><td>Dr. Struve,</td></tr>
<tr><td>Bürgermeister Dr. Deutrich,</td><td rowspan="6">Leipzig.</td></tr>
<tr><td>Professor Otto Linné Erdmann,</td></tr>
<tr><td>Dr. Haertel,</td></tr>
<tr><td>Buchhändler Fr. Brockhaus,</td></tr>
<tr><td>Kaufmann W. Willhöfft, und</td></tr>
<tr><td>Kaufmann W. Richter</td></tr>
</table>

Die letzte Sitzung des Comité, der abgesehen von anderen Conferenzen, überhaupt 76 Sitzungen vom 3. April 1834 an gehalten, fand am 13. Juni 1835 statt. In dieser wurden die bereits eingegangenen Anstellungsgesuche, an Zahl 110, durchgegangen, um die entsprechenden dem zukünftigen Directorium der Compagnie zu übergeben. In der ersten am 15. Juni 1835 abgehaltenen Zusammenkunft des Ausschusses wurden die Wahlen für das Directorium vorgenommen und darnach

> Dr. Crusius auf Sahlis und Rüdigsdorf,
> Albert Dufour-Feronce,
> Gustav Harkort,
> Gustav Ludwig Preusser,
> Dr. Robert Vollsack,

zu wirklichen,

> Stadtrath Carl Lampe,
> Kramermeister Carl Gottlieb Tenner,
> Peter Dan. Ludwig Sellier,
> Professor Otto Linné Erdmann,
> Wilhelm Richter

zu stellvertretenden Mitgliedern gewählt.

An Stelle dieser somit aus dem Ausschuss Geschiedenen cooptirte derselbe zehn andere Actionaire und zwar:

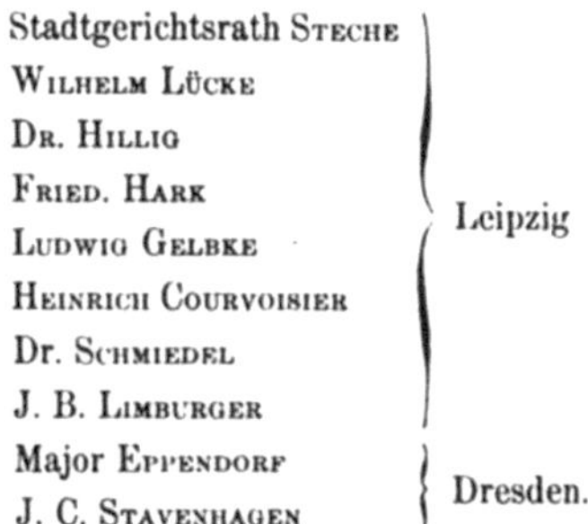

In der ersten Sitzung des neugewählten Directorium am 16. Juni 1835 erfolgte die Wahl GUSTAV HARKORT's zum Vorsitzenden und des Dr. CRUSIUS zu dessen Stellvertreter. Nachdem hierauf der Kramermeister TENNER zum Bevollmächtigten des Directorium ernannt und an dessen Stelle WILHELM SEYFFERTH in das Directorium eingetreten war, waren die leitenden Organe der Compagnie constituirt.

II.

Das Directorium hatte nach seiner Constituirung die Aufgabe, energisch an die Ausführung des mit so viel Erwartungen aufgenommenen Projects zu gehen. Es standen dafür wenig Hülfsmittel zu Gebote, da nur zwei, nach oberflächlicher Nivellirung der Hauptpunkte entworfene Profilzeichnungen der Tracte über Meissen und Strehla und deren allgemeine Veranschlagung vorhanden waren. — Nachdem man zunächst den Geschäftsgang im Innern durch Vertheilung der verschiedenen Geschäftszweige an die einzelnen Mitglieder des Directorium geordnet und hinsichtlich der stellvertretenden Mitglieder des Directorium die später auch in die Statuten aufgenommene Bestimmung getroffen worden war, dass dieselben, um in fortlaufender Kenntniss der Angelegenheiten sich zu erhalten, den Berathungen, wenngleich ohne Stimmrecht, beizuwohnen berechtigt seien, waren es zwei Fragen, die, von hauptsächlicher Wichtigkeit, Entscheidung forderten: die Wahl zwischen den beiden in Vorschlag gekommenen Linien und die Ernennung eines den Bau leitenden Ingenieurs.

Die beiden in Frage gekommenen Tracte gingen von Leipzig bis Wurzen zusammen. Bis dahin war daher Uebereinstimmung zwischen den Arbeiten der Königlichen Cameralvermessungs-Anstalt und der Königlichen Wasserbaudirection. Die Beamten der Ersteren, unter Leitung des Kammerraths v. Schlieben und des Oberinspector Lohrmann, wurden deshalb beauftragt, die Linie von Leipzig bis Wurzen abzustecken, um nur zunächst die Anwendung des Expropriationsgesetzes auf einen Tract zu ermöglichen, was auch durch eine Verordnung des Ministerium des Innern vom 3. Juli 1835 geschah. Bei dieser Absteckung geschah es, dass dem damit beauftragten Conducteur Pressler namentlich in Paunsdorf und Volkmarsdorf thatsächlicher Widerstand entgegengesetzt wurde, so dass durch Vermittelung des Königlichen Regierungs-Commissars die Hülfe der Behörden in Anspruch genommen werden musste. Dies wiederholte sich später bei der Expropriation von Dresden aus in den Fluren von Neudorf und Pieschen. Als Ausgangspunkt in Leipzig war vorläufig der sogenannte Pichhof des Georgenvorwerks in Aussicht genommen, obwohl dagegen sich von verschiedenen Seiten Widerspruch erhob und von einem Mitgliede des Directorium namentlich die Dresdener Vorstadt anempfohlen wurde. Mannigfache Schwierigkeiten machten sich geltend, bis die speciellen Pläne nur bis Posthausen der Regierung zur Genehmigung vorgelegt werden konnten. Diess geschah erst im Herbste 1835. Während hinsichtlich des Tracts über Meissen noch verschiedene Varianten in Vorschlag kamen und untersucht wurden, war man im Directorium der Ansicht, darüber, wie über den ganzen Plan und dessen Ausführung das Urtheil eines im Eisenbahnbauwesen erfahrenen Technikers, wobei man zuerst Stephenson, der sich damals in Brüssel befand, im Auge hatte, einzuholen. Zu diesem Zwecke und um zugleich Kenntniss von dem Neuesten und Besten im Fache des Eisenbahnwesens zu nehmen, unternahm Dr. Crusius eine Reise nach Belgien und England. Ihn begleitete der Hauptmann Kunz, auf den, als bauleitenden Techniker, man von Anfang an sein Augenmerk gerichtet hatte. Die beiden Herren kehrten Anfang September 1835 von ihrer Reise zurück mit festem Vertrauen auf das Gelingen des vaterländischen Unternehmens. Sie hatten einen Eisenbahntechniker von Ruf und Erfahrung, den Ingenieur James Walker, President of the Institution of the Civil-Engineers, gewonnen, der die Linie besichtigen und seinen Ausspruch über die Wahl des Tracts und die weitere Ausführung thun sollte. Am 13. Octbr. 1835 traf derselbe in Begleitung eines Assistenten Namens Hawkshaw in Leipzig ein. Man vereinigte sich, dass die von dem Herrn v. Schlieben und dem Oberinspector Lohrmann vorgeschlagene Linie hinwärts, die vom Hauptmann Kunz vertretene herwärts begangen werden sollte. Es geschah dies in Begleitung der Mitglieder des Directorium Harkort, Dr. Crusius, Dufour-Feronce und Seyfferth, sowie des Bahningenieur Köhler aus Freiberg, welch letzterer in Amerika gewesen und zurückgekehrt war, um eine Anstellung bei der Leipzig-Dresdner Eisenbahn anzunehmen. Der Oberinspector Lohrmann führte die Genannten nach Dresden, jedoch auf einer anderen als der bis jetzt in Vorschlag gebrachten Route, anstatt über Mügeln beziehentlich Lommatzsch, im Döllnitzthal bis nach Riesa und von da an der Elbe hin über Hirschstein nach Zehren und Meissen. Die Rücktour auf der anderen Linie führte Hauptmann Kunz. Der Ausspruch Walker's lautete:

„Wolle man den Tract über Meissen bauen, den Oberinspector Lohrmann ihm als den besten gezeigt habe, so sei bis jetzt dem nichts Gleiches im Eisenbahnfache gemacht worden; nicht allein sei der Bau der Eigenthümlichkeit des Terrains wegen sehr, s e h r schwer; sondern es würden auch auf einer Strecke von beinahe 4 deutschen Meilen sehr viele Häuser entweder berührt oder die Linie laufe doch in grosser Nähe von Häusern und Gärten vorbei und über andern sehr werthvollen Grund und Boden, was nicht nur die Kosten der Expropriation sehr hoch steigern würde, sondern dieselbe auch sehr aufhältlich machen und unter vielen Bewohnern, die betroffen würden, unendlich viel Unwillen erregen müsste."

Auf dem Rückwege über Riesa hatte WALKER unter Anderm geäussert, dass die Mitglieder des Directorium sich Strapazen unterzögen, wie er dies noch von keinem Directorium gesehen habe, und zugleich sein Erstaunen darüber ausgedrückt, dass es bei solchem Interesse für die Sache nicht selbst früher hinausgegangen sei, um mit eigenen Augen beide Tracte anzusehen, da es dann nicht nöthig gewesen sei, ihn von England kommen zu lassen, um über diese Wahl zu entscheiden. Auf die Frage, ob er glaube, dass die Linie über Meissen noch in Berücksichtigung kommen könne, antwortete er: „Nein, mit Ihren Mitteln gewiss nicht."

WALKER reiste bald nach England zurück und liess seinen Assistenten HAWKSHAW zurück, damit dieser die von ihm für ausführbar erklärte Linie selbst nivellire und die weiteren Unterlagen für das förmliche Gutachten erbringe. Im November 1835 waren diese Arbeiten vollendet und HAWKSHAW reiste ebenfalls zurück.* Das vorläufig ausgesprochene Urtheil WALKER's musste selbstverständlich zu Gunsten der Linie über Strehla beziehentlich Riesa den Ausschlag geben, und Directorium wie Ausschuss erklärten sich noch vor Eingang des Berichts von Walker für dieselbe. Dieser Bericht, welcher im März 1836 erfolgte, sprach sich ganz entschieden für den auf dem rechten Elbufer angenommenen Tract aus, indem er nur den Uebergang über die Elbe von Strehla weiter herauf nach Gröba

---

* Für diese Expedition und einige spätere Correspondenzen wurde die Summe von 863 £ 4 Sh. berechnet.

verlegte und einige Abweichungen von dem Kunz'schen Tract sonst angab, insbesondere aber als höchste Steigung das Verhältniss von 1 : 200 annahm. In einem mitfolgenden Schreiben äusserte Walker über die beiden Tracte noch Folgendes: „Ich wünschte, dass diejenigen, welche dieser Meinung sind, d. h. für den Tract auf dem linken Elbufer, beide Tracte selbst bereisten; wie wenig sie auch vom Fache sein möchten, so erfordert es nur einen geringen Ueberblick und was wir hier zu Lande gesunden Menschenverstand nennen, um zwischen den beiden Elbufern zu entscheiden; denn bis an diesen Fluss habe ich nur wenige Abänderungen der Lohrmann'schen Linie vorgeschlagen." Diese Ansicht führte Walker dann weiter aus, indem er namentlich auf die kostbaren und schwierigen Aufdämmungen und Felsdurchbrechungen, sowie die Gefahr der Ueberschwemmung bei der Führung der Bahn am linken Elbufer hinwies. — Wie nun schon früher von den bei der Eisenbahn nach Dresden durch die verschiedenen Linien berührten Städte für die eine oder andere lebhaft agitirt worden war, so wurde namentlich nach der darüber getroffenen Entscheidung von Seiten der Gemeinde-Vertretung der Stadt Meissen und des Gewerbevereins sowie einiger Privatpersonen in Dresden unmittelbare Eingaben an den König und Prinz Mitregenten gerichtet, in welchen diese Wahl auf das Entschiedenste angefochten und bekämpft wurde. Dieser gegenüber sah sich das Directorium zu einem ausführlichen Bericht über die Gründe der von ihm getroffenen Wahl veranlasst, in Folge dessen auch der gewählte Bahntract die Allerhöchste Genehmigung fand. Da noch jetzt von manchen Seiten die gewählte Linie als eine verfehlte bezeichnet wird, so mögen einige der hauptsächlichsten Gründe, welche für dieselbe sprachen und noch sprechen, hier ihre Stelle finden.

Vor Allem musste der angeführte Ausspruch des Ingenieurs James Walker, für den von einem gleichfalls erfahrenen Techniker, dem Hauptmann Kunz, vorgeschlagenen Tract auf dem rechten Elbufer für das Directorium maassgebend sein. Dieser Ausspruch lautete so entschieden gegen die Linie auf dem linken Elbufer, dass zunächst in technischer Beziehung kaum eine andere Wahl übrig blieb. Man hatte einen Mann vor sich, der Regierungs-Wasserbaudirector für die Themse, Inspector der Festungswerke von Dover, überhaupt Techniker der englischen Regierung war, der die Leeds-Selby Bahn projectirt und ausgeführt hatte und im Fache des Eisenbahnwesens für so erfahren gehalten wurde, dass die meisten Eisenbahnprojecte von den Ausschüssen des Parlaments ihm vor der Berichterstattung zur Begutachtung vorgelegt wurden. Man hatte sich gratulirt, einen solchen Mann für das Unternehmen einer Bahn von Leipzig nach Dresden soweit zu interessiren, dass er diese Reise nach Deutschland und die Prüfung des Plans übernahm. Und nun sein entschiedener Ausspruch für die eine Linie! In technischer Hinsicht konnte demnach kein Zweifel obwalten; denn die Elbbrücke, wie der Tunnel bei Oberau wurden den baulichen Schwierigkeiten der andern Linie gegenüber in keinem Verhältnisse erachtet. In volkswirthschaftlicher und finanzieller Beziehung mussten allerdings andere Erwägungen mit maassgebend sein. Auch diese fielen zu Gunsten des gewählten Tracts aus. Es war **gegen** denselben hauptsächlich geltend gemacht, dass er an der Grenze des Landes hingehend, den fruchtbarsten Theil, die Lommatzscher und Meissner Gegend unberücksichtigt lasse, nicht in Altstadt-, sondern in Neustadt-Dresden ausmünde und einen Umweg mache. In jenen Eingaben war deshalb Einsetzung einer besonderen Commission gefordert worden, die hierüber entscheiden sollte. Allein vor Allem galt es, eine Verbindung zwischen Leipzig und Dresden möglichst bald und mit möglichst geringen Kosten herzustellen. Der Tract über Meissen schien in dieser Beziehung ungeeignet. Das Schlieben-Lohrmann'sche Project, wie es zuletzt aufgestellt war, fiel mit dem von Walker empfohlenen Tract bis Riesa zusammen und ging erst von da am linken Elbufer über Hirschstein nach Meissen. Der Weg war somit nicht viel kürzer, die unmittelbare Verbindung mit den Städten Mügeln, Lommatzsch, Döbeln, dem Erzgebirge etc.

wäre dadurch nicht wesentlich gefördert und für diesen Tract kein
so überwiegender Vortheil erzielt worden, um das Baucapital deshalb
so erheblich zu belasten, ja das Unternehmen überhaupt zu gefährden
Meissen, wenig mehr als 1 Stunde von der Bahn entfernt, sollte durch
eine Zweigbahn entschädigt werden. Bei der Einmündung in die
Altstadt-Dresden sah man Schwierigkeiten wegen Erlangung des erforderlichen Areals. Dagegen konnte man bei der Führung der Bahn
auf dem rechten Elbufer ausser dem gewerbreichen Grossenhain, das
wenig mehr als 1 Stunde von der Bahn entfernt blieb, auf den ganzen
Verkehr nach der Lausitz und Schlesien hin und die Verbindung mit
Berlin rechnen, welche viel vortheilhafter und gesicherter erschien,
als eine durch die Anlage des Bahnhofs in der Altstadt nur erleich-
terte, aber damals keineswegs garantirte Fortsetzung der Bahn nach
Böhmen hin. Die letztern Momente, welche dem bei der Eisenbahn
von Leipzig nach Dresden im Auge gehabten Bahn-System mehr
entsprachen, haben sich für die finanziellen Ergebnisse der Bahn
auch durchaus bestätigt; denn sowohl der Lausitzer und Schlesische
Verkehr als namentlich die Verbindung mit Berlin sind von der
grössten Bedeutung für die Bahn geworden und sichern ihr den her-
vorragendsten Antheil an dem internationalen Verkehr. Bei der
Führung der Bahn auf dem linken Elbufer würde sowohl für den
Verkehr von Berlin als von der Lausitz und Schlesien aus eine besondere Bahn nur zu bald entstanden oder Sachsen, namentlich Dresden,
überhaupt umgangen worden sein. Mochte auch der Wunsch, die
Eisenbahn von Leipzig nach Dresden auf der geradesten Linie durch
das Herz Sachsens geführt zu sehen, in mancher Hinsicht eine gewisse
Berechtigung haben, die Wahl der Linie ist von dem Directorium
seiner Zeit nach bestem Wissen und Gewissen geschehen und
durch den Erfolg des Unternehmens gerechtfertigt worden. Auch
jetzt würde kaum eine andere Route, welche mit dem dafür erforderlichen Aufwand so den Zweck einer Verbindung zwischen Leipzig und
Dresden erreichte, gewählt werden können, so weit vorgeschritten
man auch im Eisenbahnbau ist.

Nachdem der von dem Hauptmann Kunz in Vorschlag gebrachte Tract im Wesentlichen gewählt war, war es sehr natürlich, dass auch auf ihn die definitive Wahl zum leitenden Oberingenieur fiel, um so mehr, als man in ihm einen tüchtigen, theoretisch und practisch gebildeten Techniker von grosser Energie bereits kennen gelernt hatte. Am 1. November 1835 übernahm er officiell die technische Leitung des Bau's unter vertragsmässig festgestellten Bedingungen gegen ein Honorar von 10,000 Thlr., nachdem er bereits vorher mit seinem Rath dem Directorium thätig zur Seite gestanden hatte. Ausserdem engagirte man noch den bereits genannten Ingenieur Köhler, sowie den Ingenieur Eduard Dietz*, dem zu einer Instructionsreise nach Belgien und Berichten über Eisenbahnwesen von dort auf Empfehlung Fried. Harkort's schon früher ein Beitrag bewilligt worden war, und den Wasserbau-Conducteur Sergel. — Der mit Hauptmann Kunz abgeschlossene Vertrag zog als unmittelbare Folge die sofortige Auflösung des zeitherigen Verhältnisses zu der Königlichen Kameral-Vermessungsanstalt nach sich. Den Vorständen und Beamten derselben, von welchen in dem Zeitraum von beinahe 2 Jahren für Leitung und Beaufsichtigung der Vermessungsarbeiten, denen sie sich mit grossem Interesse für die Sache unterzogen, nichts berechnet worden war, wurde entsprechende Vergütung gewährt.

Bis zum Herbste 1835 war die unmittelbare Inangriffnahme des Bau's selbst noch nicht erfolgt und nur für die Linie bis Wurzen lagen die geometrischen Vermessungen, Nivellirung und Profilirung Seiten der Königlichen Kameralvermessungs-Anstalt vor, die ausserdem namentlich wegen des veränderten Niveau noch manche Abänderungen erlitten. Man hielt es für zweckmässig, den Bau einer kleineren Strecke ehemöglichst und sofort in Angriff zu nehmen, theils um baldigst einen Erfolg nach Aussen aufweisen zu können und der Ungeduld des Publikums, welches die erforderlichen Vorarbeiten bereits vollendet glaubte, zu begegnen, theils auch, um damit den

---

* Jetzt Director der Altona-Kieler Eisenbahn-Gesellschaft.

anzustellenden jüngeren Technikern eine practische Schule zur Ausbildung zu eröffnen, einen Kern tüchtiger Aufseher und Arbeiter für den Fortbau zu bilden und eigene Erfahrungen zu machen, gleichzeitig aber die für die Hauptstrecke noch fehlenden Vorarbeiten zu beschaffen und das erforderliche sehr bedeutende Baugeräth, zum wesentlichen Theile nach erst zu machenden Erfahrungen, herzustellen. Man wählte hierfür die Strecke Leipzig - Wurzen und benutzte die günstige Witterung des Herbstes 1835, um den Bau der Brücke über die Mulde bei Wurzen zu beginnen, über deren Plan und Situation mannigfache Verhandlungen stattgefunden hatten. Der Landbaumeister Königsdörffer übernahm den Bau in Accord für die Summe von 125,000 Thlr. Noch war aber ausser dem im Wege freier Vereinbarung erkauften Areal an der Mulde kein Quadratzoll Landes in den Besitz der Compagnie. Das ganz neue Geschäft der Expropriation, normirt durch das Expropriationsgesetz und die Ausführungs-Verordnung dazu vom 3. Juli 1835, letztere in 25 Paragraphen, machte viel Schwierigkeiten. Erst Ende October konnte Seiten der Strassenbau-Commission des Kreisamts Leipzig das Expropriationsgeschäft beginnen, aber erst im Monat Januar 1836 brachte ein Bescheid der Commission das erste Land in Gerichshainer Flur um den Preis von 300 Thlr. per Acker in den Besitz der Compagnie. Dieselbe hatte hierbei als juristischen Beistand den sehr befähigten Adv. Dr. Gustav von Zahn und als ökonomischen den Amtmann Hammer gewählt, beides Männer, die in dieser Stellung das thätigste Interesse für die Compagnie bewiesen haben. Die Erfahrungen, die man bei diesen ersten Expeditionen gemacht hatte, zeigten jedoch, dass die gegebenen gesetzlichen Bestimmungen nicht geeignet waren, das Expropriationsgeschäft zu fördern. In einer ausführlichen Eingabe an die Regierung wurden die Uebelstände des bisherigen Verfahrens hervorgehoben. Dieselben bestanden namentlich in der schwierigen Erörterung und Feststellung der zu bewirkenden Abgabenrepartition, in der zu weit ausgedehnten Zulässigkeit suspensiver Rechtsmittel, wodurch die Ueberweisung des Areals verhindert werden konnte, und

die Kostspieligkeit des Verfahrens. Die Abgabenrepartition insbesondere erforderte die Aufnahme des ganzen Complexes aller betheiligten
Grundstücke, eine Taxation derselben und die Reduction der Frohn-
dienste, Parochialprästationen und anderer nicht in Geld zu veranschlagenden Gefälle in Geldbetrag, die Berechnung des Flächengehalts
des Stammguts und der zu expropriirenden Parzelle auf Wiesenboden,
Alles um des Steuerinteresses willen und um die Caducität der Stamm-
güter zu verhindern, an welche die Eisenbahn rücksichtlich der bestimmten Staatsabgaben einen fixirten Beitrag und rücksichtlich der
unbestimmten Leistungen einen aliquoten zu zahlen hatte, der manch-
mal kaum den tausendsten Theil betrug. Man trug darauf an, dafür in
der Regel für eine Flur ein Durchschnittsverhältniss pro Acker anzunehmen. Auf einen desfallsigen ausführlichen Vortrag des Regierungs-Commissars, Kreisdirector von FALKENSTEIN, ordnete das
Ministerium des Innern zunächst eine mündliche Verhandlung mit
dem Directorium in Leipzig an, welcher der Geh. Reg.-Rath Dr. MER-
BACH, der Commissar und der Kreisamtmann Hofrath KUNAD bei-
wohnten, und in Folge dessen traten soweit thunlich Erleichterungen
ein. Es wurde insbesondere die Suspensivkraft der Rechtsmittel gegen
die Ueberweisung des Areals beschränkt, indem die Recurse nicht
im Administrativ-Justizweg, sondern im reinen Verwaltungsweg zu
behandeln sein sollten, ferner die freie Vereinbarung wegen der Abgabenrepartition als zulässig erklärt, daneben dem Antrag auf Bestimmung eines Durchschnittsquantum dafür deferirt, zur Sicherstellung
der Grundbesitzer, an welche die Auszahlung der ermittelten Ent-
schädigungsgelder nur nach Ablauf einer Frist von 6 Wochen 3 Tagen
von erfolgter desfallsiger Bekanntmachung an geschehen konnte, eine
allgemeine Caution von 20,000 Thlr., welche Seiten des Directoriums
bei dem Stadtrath zu Leipzig zu deponiren war, mit der Wirkung
nachgelassen, dass die expropriirten Grundstücke der Compagnie
ohne vorgängige Erlegung der Entschädigungsquote und unerwartet
der sächsischen Frist wie der wirklichen Zahlung überwiesen werden
konnten; ferner von der gesetzlich vorgeschriebenen Beobachtung

der Reihenfolge der Ortschaften bei dem Expropriationsgeschäft dispensirt und endlich zur Erzielung gleichmässigen Verfahrens bei den Expeditionen der Strassenbau-Commissionen dem Kreisdirector von Falkenstein Commissoriale auch ausserhalb des Leipziger Kreisdirectionsbezirks ertheilt, sowie die Adhibition des Kreisamtsactuars Holdefreund, welcher mit den ersten Expeditionen beauftragt gewesen war, längs des ganzen Tracts der Bahn gestattet. Mit diesem war schon damals der jetzige Bevollmächtigte der Compagnie, Gessler, namentlich für die schwierigen und umfassenden Berechnungen und Reductionen thätig gewesen.

Obwohl nun der Fortgang des Expropriationsverfahrens durch diese entgegenkommende Verfügung gefördert erschien, so hatte man doch in der Regel mit den übertriebensten Ansprüchen zu kämpfen. Der hohe Stand der Actien, das Misstrauen der Landleute gegen die „Leipziger Kaufleute“, die Missliebigkeit des Zwangverfahrens liessen die exorbitantesten Forderungen hervortreten. So trat man in der einen Flur mit Entschädigungsansprüchen wegen durch die Bahneinschnitte abgeschnittenen Wassers auf, in der andern klagte ein Windmüller wegen entzogenen Windes, ein anderer Windmüller forderte Entschädigung deswegen, weil die Bauern wegen Entäusserung des Grund und Bodens weniger Getraide erbauen würden, der Wassermüller des Orts durch einen Einschnitt mehr Wasser erhalten habe und nun das ganze Jahr hindurch, auch im Sommer, wo er sonst das Monopol wegen Wassermangel gehabt habe, mahlen könne und dergl. Nur selten fand man in der ersten Zeit entgegenkommende Bereitwilligkeit bei den Grundbesitzern. Von der Leipziger Stadtgrenze bis an die neue Muldenbrücke, eine Strecke von 42,217 Dresdner Ellen, fielen 1256 einzelne Parzellen in die Bahnlinie, wofür im Ganzen 44,435 Thlr. gezahlt wurden.

Am 1. März 1836 erfolgte der Angriff der Erdarbeiten zunächst an dem Machern'schen Einschnitt, wobei man nach dem Beispiel Englands und Amerika's bewegliche Hülfsbahnen aus schwachem Kiefernholze mit Eisenschienen von $^{1}/_{4}$ Zoll Stärke legte

und dafür besondere Erdtransportwagen anschaffte, die man nach
Vollendung der Bahn als Transportwagen für Kohlen, Steine und
andere Gegenstände benutzen zu können hoffte.* Die ganze Strecke
Leipzig-Wurzen wurde in 2 Sectionen getheilt, deren erste, 35,200
Fuss Länge umfassend, weniger Schwierigkeiten darbot, jedoch
eine nachträgliche Aenderung des Planum erforderte, während
die zweite von 49,000 Fuss Länge die Höhen bei Machern
durch einen Einschnitt bis zu 40 Fuss Tiefe und eine Masse von
20,940,000 Kubik-Fuss Erdboden zu bewältigen hatte, ein Erdbau,
der für so kolossal erachtet wurde, dass sich kein Entrepreneur dafür fand. Manche Schwierigkeiten stellten sich den Erdbauten entgegen, so dass dieselben nicht so vorwärts schritten, als es die Ungeduld des Publikums wünschte. Vielfacher Tadel wurde deshalb gegen
das Directorium erhoben und manchen Angriff hatte es zu erfahren,
obwohl bei den zu Gebote stehenden Hülfsmitteln das Möglichste
gethan wurde. So wurde namentlich oft die Ansicht laut, dass die
einzelnen Directoren den Bau selbst beaufsichtigen und die Arbeiter
antreiben, höhere Löhne zahlen sollten und dergl. Die stärksten
Dinge brachte in dieser Beziehung die damals in Leipzig erscheinende
Actienzeitung, welche endlich ungeduldig über das Stillschweigen,
das Seiten des Directoriums ihren Angriffen entgegengesetzt wurde,
demselben nichts als die Eigenschaft der „Klugheit" liess.

Während dieser Zeit beschäftigte man sich mit der wichtigen Frage
des Oberbaus für die Linie bis Wurzen und entschied sich nach wiederholten Berathungen dahin, dass ohngefähr $1/3$ der Strecke massiv und
$2/3$ Holzbahn gelegt werden sollten, um eigene Beobachtungen und
Erfahrungen zu machen. Der massive Oberbau sollte bestehen aus
gewalzten Kantenschienen, die englische Yard 45 Pfund schwer, von
3 zu 3 Fuss auf gusseisernen Stühlen ruhend, welche auf kiefernen
Querschwellen befestigt wurden. Beim Holzbau, dem sogen. ameri-

* Bei den Erdarbeiten bei Posthausen und Machern fand man manche
Naturseltenheiten, z. B. Bernstein, Knochen, vorweltliche Thiere etc., die an
Museen abgeliefert wurden.

kanischen Oberbau, der bereits oben beschrieben, sollten gewalzte Plattschienen $2^1/_2$ Zoll breit und $1^1/_8$ Zoll stark, während man früher nur $^5/_8$ Zoll starke angenommen hatte, zur Verwendung kommen. Es wurde dafür sowohl in Deutschland als in England Submission ausgeschrieben. Allein trotz aller Bemühungen fand sich kein deutsches Werk zur Uebernahme der Lieferung bereit, so dass mit englischen Werken abgeschlossen werden musste. Der Bedarf für die erste Strecke betrug zusammen 18,541 Ctr. und kamen die Kantenschienen 6 Thlr. 16 Gr., die Plattschienen 6 Thlr. 2 Gr., die gusseisernen Stühle 3 Thlr. 6 Gr. per Ctr. franco Halle oder Strehla zu stehen. Ein Gesuch um Gewährung zollfreier Einfuhr des Eisens für den Eisenbahnbaubedarf wurde jetzt, wie auch später abschläglich beschieden und in der Folgezeit nur ein Zollcredit erlangt. Als Agent der Compagnie für England war ein gewisser W. F. Reuss in Liverpool angenommen, der sowohl für die Contrahirung des Materials als für das Engagement von Technikern eine Reihe von Jahren sehr thätig gewesen ist. Durch ihn wurden die Abschlüsse wegen der Lieferung der ersten Locomotiven mit Rothwell & Co. in Bolton, Wm. & Th. Kirtley & Co. in Warrington und Edw. Bury in Liverpool vermittelt.

Die erste Lokomotive, „Komet" benannt, welche für einen Preis von 1383 £ von Rothwell & Co. erworben war, traf Ende November 1836 in 15 Kisten verpackt in Leipzig ein. Als Spurmaass war das Liverpool-Manchester angenommen, was maassgebend für alle andern deutschen Bahnen geblieben ist. Man liess das Wunderwerk, das auf Böcke gestellt und geheizt wurde, um die Bewegungen zu zeigen, gegen ein Entrée zum Besten einer zu bildenden Unterstützungskasse in Leipzig sehen. Kurz vorher war auch der erste für einen wöchentlichen Lohn von 3 £ engagirte Lokomotivführer John Robson angelangt. Wegen Erwerb einer Lokomotive aus Amerika nach einem besonders empfohlenen System, sowie wegen eines Personenwagens von dort, wurde die Vermittlung des Consuls Brauns in Philadelphia benutzt. Die in Folge dessen erworbene Lokomotive „Columbus" hat jedoch den gehegten Erwartungen durchaus nicht entsprochen, und auch der 100 Plätze haltende Personenwagen musste umgebaut werden. — Zur Ueberwachung der Schienenfabrikation und Versendung sowie Sammlung sonstiger technischer Notizen ging Ende August 1836 der Ingenieur Köhler nach England, wo derselbe mehrere Monate blieb. Die ersten Schienenlieferungen trafen erst gegen Ende des Jahres 1836 in Leipzig ein und wurden überhaupt nicht unwesentlich verspätet. Eine Partie ging noch auf der Elbe bei Boitzenburg verloren und konnte nur theilweise mit grossen Kosten geborgen werden. Von Brüssel aus machte Prof. Erdmann gelegentlich einer Reise durch Belgien Mittheilungen über Eisenbahnwesen und die dortigen Eisenbahnwagen. Man bestellte deshalb drei Wagen, von jeder Classe einen, (Diligence und char à banc) bei dem dortigen Wagenbauer Pauwels und machte gleiche Bestellung auch in England und Nürnberg, wo man die Personenwagen noch mit festen Buffern baute. In Folge der verspäteten Materiallieferungen, wie auch wegen verschiedener anderer Hindernisse konnte die in der Generalversammlung vom 15. Juni 1836 ausgesprochene Hoffnung, dass schon zu Michaelis des gedachten Jahres die erste Strecke werde befahren werden können, nicht erfüllt werden.

In dieser Generalversammlung, **der zweiten**, erfolgte die Berathung der Statuten, deren theilweise Umarbeitung nach dem Stande des Unternehmens, gegenüber dem ersten Entwurfe, sich nöthig gemacht hatte. In den wesentlichen Bestimmungen wurde jener erste Entwurf beibehalten und mit einigen Modificationen durch Decret vom 20. März 1837 auch Allerhöchst genehmigt. Es wurde ferner in dieser Versammlung über die mannigfachen Projecte der Fortsetzung der Leipzig-Dresdner Bahn Beschluss gefasst. Hierbei kamen nicht weniger als 6 Eisenbahnprojecte zur Sprache und zwar:

1. von Dresden durch die Lausitz nach Schlesien, wofür sich in Bautzen und Löbau Comités gebildet hatten,
2. von Leipzig nach Hof, wobei es sich namentlich um Beseitigung einer gefürchteten Umgehung Leipzigs durch eine Saalthalbahn von Baiern aus nach dem Norden handelte,

3. von Dresden nach Böhmen, über welches Project bei der österreichischen Regierung die Ansicht herrschte, dass, da Böhmen so viel gute Chausséen und die Wasserstrasse Thal ab nach Sachsen habe, dasselbe um so weniger dringend sei, als man immer gesucht habe, Ein- und Ausfuhrhandel mehr den österreichischen Seehäfen zuzuführen,

4. die Verlängerung der Leipzig-Dresdner Eisenbahn bis zur Grenze nach Magdeburg zu und

5. in der Richtung von Riesa nach der preussischen Grenze, endlich

6. die Zweigbahn nach Meissen.

Rücksichtlich der Projecte sub 1 — 3 verzichtete die Generalversammlung zu Gunsten der desfallsigen Comités auf das ihr aus dem Concessionsdecret vom 6. Mai 1835 zustehende Privileg, ohne dass jedoch diese Projecte damals zur Ausführung gekommen sind.

Hinsichtlich der Projecte sub 4, 5 und 6 dagegen, wurde dem Directorium die Autorisation ertheilt, verbindliche Verträge mit den für die Linie von Magdeburg resp. Berlin aus bestehenden Compagnien oder Comités abzuschliessen, beziehentlich wegen Anlegung einer Zweigbahn nach Meissen die erforderlichen Veranstaltungen zu treffen. Von diesen 3 Projecten hat sich nur das erstere, die Fortsetzung der Leipzig-Dresdner Eisenbahn nach Magdeburg, in der gewünschten Weise verwirklicht, indem mit dem Comité für eine von Magdeburg nach Leipzig zu führende Bahn in der Folge ein Vertrag abgeschlossen wurde, demzufolge die Leipzig-Dresdner Eisenbahn-Compagnie die Strecke von Leipzig bis an die Preussische Grenze, $1^1/_2$ Meile, auf eigene Kosten zu bauen unternahm, der Betrieb aber mit seinen Lasten und Nutzungen der Magdeburg-Leipziger Gesellschaft gegen Gewährung eines Zinses von 50 % des Bruttoertrags dieser Strecke, nach Verhältniss zur ganzen Bahnlinie gerechnet, auf die Dauer des derselben verliehenen Regierungs-

Privilegiums überliess. Dieser Vertrag ist auch in der Weise realisirt worden, dass die Magdeburg-Leipziger Eisenbahn-Gesellschaft für eine von der Leipzig-Dresdner Eisenbahn-Compagnie gewährte Accordsumme den Bau ausführte. Dieselbe hat sich nach der Schlussabrechnung und inclusive der Kosten des zweiten Gleises, das im Jahre 1842 gelegt wurde, auf 427,547 Thlr. 7 Gr. 2 Pf. belaufen und seit der am 18. August 1840 erfolgten Eröffnung der ganzen Bahn sehr befriedigend verzinst. Die Bahn, fast parallel mit der Leipzig-Dresdner Bahn auslaufend, durchschneidet, sich westlich abbiegend, die Flur von Reudnitz und der Stadt Leipzig und geht dann in einer ziemlich geraden Linie bis zur Landesgrenze und von dort weiter nach Magdeburg. Sie wurde als die erste Bahn der Welt bezeichnet, welche die Grenze verschiedener Staaten überschreiten würde.

Ein ähnlicher Vertrag mit den Bevollmächtigten der Berlin-Sächsischen Eisenbahn-Gesellschaft, Justizrath Bode, A. Meyer, W. Beer, C. Schultze und dem Hauptbankdirector Reichenbach, über den Anschluss an eine von Berlin nach der sächsischen Grenze zu führende Bahn durch den Bau einer Bahn von Riesa nach dem Grenzorte Nieska, hat nicht diesen erfreulichen Erfolg gehabt. Denn obwohl Seiten der preussischen Regierung der gedachten Gesellschaft die Genehmigung zum Bau dieser Bahn unter der Bedingung zugesagt war, dass die Leipzig-Dresdner Eisenbahn zuvor von Leipzig bis zur Elbe resp. von da bis zur Landesgrenze ausgeführt oder deren Vollendung wenigstens als vollständig gesichert nachgewiesen werde, und nach Lage der Sache an baldigster Erfüllung dieser Bedingung durchaus nicht zu zweifeln war, so wurde doch unterm 1. Mai 1838 die bereits ertheilte Concession zu Gunsten einer von Berlin nach Cöthen unter Anschluss an die Magdeburg-Leipziger Bahn projectirten Bahn zurückgenommen. Schritte, die Seiten des Directoriums, theils direct, theils durch diplomatische Vermittelung und selbst in einer unmittelbaren Eingabe an den König von Preussen geschahen, blieben fruchtlos und

der diesseits geltend gemachte Anspruch auf Ersatz des mit Rücksicht auf das Anschlussproject bei Anlegung der Elbbrücke und des
Röderauer Viaducts gemachten Mehraufwands von etwa 60,000 Thlr.
wurde sowohl von der preussischen Regierung als dem Comité der
Berlin - Sächsischen Eisenbahn - Gesellschaft wiederholt zurückgewiesen, und zwar entzog sich der letztere seiner Verbindlichkeit zur
Schadloshaltung durch die Behauptung, dass er zur Abschliessung
des Vertrags nicht legitimirt gewesen sei. Das zu jener Zeit gegebene
Versprechen ist erst zehn Jahre später durch den Bau der Jüter-
bogk-Röderauer Bahn eingelöst worden; allerdings keine hinreichende
Entschädigung für den entzogenen Gewinn der Zwischenzeit.

Der Bau der Zweigbahn nach Meissen ist, da das Bedürfniss
nicht so dringend schien, indem die Verbindung dieser Stadt mit
der Bahn durch eine neue Chaussée nach Niederau, wohin man von
Oberau die Station verlegte, vermittelt wurde, **24 Jahre später** zur
Ausführung gekommen.

In derselben Generalversammlung von 1836 wurde namentlich
auf Antrag des Prof. Dr. WILHELM WEBER, jetzt in Göttingen, Beschluss über Verwilligung von 2000 Thlr. zur versuchsweisen Anlegung
eines electro - magnetischen Telegraphen von hier nach Wurzen
gemacht, der Versuch jedoch wegen Unzulänglichkeit der Mittel
unterlassen. Die Anlage ist **16 Jahre später** für die ganze Bahn zur
Ausführung gelangt.

Nachdem am 25. Juni 1836 die Uebernahme des hiesigen
Georgenvorwerks, wofür nach commissarischer Taxe die Summe von
39,541 Thlr. 15 Gr. 6 Pf. gezahlt wurde, erfolgt war*, wurde die
Bauzeit des Jahres 1836 nach Möglichkeit benutzt, um die, weniger
Schwierigkeiten darbietende, erste Section bis nach Borsdorf hin zu
beendigen und so das zunächst gesteckte Ziel wenigstens im Frühjahr 1837 zu erreichen, da man dies als eine Lebensfrage für das

---

* Einer unentgeldlichen Ueberlassung von Grund und Boden Seiten des Staats
oder der Gemeinden. wie diess jetzt häufig der Fall, hat sich die Leipzig-Dresdner
Eisenbahn-Compagnie nicht zu erfreuen gehabt.

Unternehmen ansah*. Es waren hier eine grössere Brücke über die Pardau, 9 kleinere Brücken, 50 Schleussen und Durchlässe und 2 Chaussée-Uebergänge herzustellen und 2,304,000 Kubikfuss Boden, ausser 1,262,080 Kubikfuss für den Bahnhof, zu bewegen.

Um Mauersteine in der erforderlichen Quantität und möglichst billig zu gewinnen, wurde ein belgischer Ziegelmeister engagirt, der belgische oder wallonische Feldziegeleien einrichtete. Das hierzu erforderliche Areal war vom Stadtrath erworben. Nach Beendigung dieser Brände, für welche sich inzwischen eine Aenderung in der Person des Ziegelmeisters nöthig gemacht hatte, wurde das Areal an den Stadtrath zurückgegeben. Es waren etwa 1 Mill. 800,000 Stück Ziegel gebrannt worden, die per mille auf etwas über 6 Thlr. zu stehen kamen, jedoch in der Qualität wenig entsprachen.

Wegen Beschaffung der **Wagen** stellte es sich bald als wünschenswerth und erforderlich heraus, eine eigene Wagenbauanstalt zu errichten, einestheils um die nothwendige Garantie für die Sicherheit zu erlangen, anderntheils weil man in Deutschland selbst nicht die Wagen in der gehörigen Anzahl und Qualität erhalten konnte. Nach vielen Bemühungen und Verhandlungen gelang es, hierzu einen englischen Wagenbauer, Namens Thomas Worsdell, der längere Zeit bei der Liverpool-Manchester Bahn gearbeitet hatte, zu gewinnen. Dieser kam mit einigen Gehilfen Anfang 1837 nach Leipzig und richtete die Wagenbauanstalt ein. Vorher mussten allerdings die dem entgegenstehenden Hindernisse des Zunftzwangs durch ausdrückliche Dispensation des Ministerums beseitigt werden, was mannigfache Verhandlungen erforderte. Nach den Mustern der englischen, Brüsseler und Nürnberger Wagen wurden die erforderlichen Bestandtheile zu etwa 20 Wagen theils in Deutschland, theils in England bestellt und in der Wagenbauanstalt ergänzt und zu-

---

* Um für die Einrichtung des Betriebs Unterlagen zu gewinnen, ging Prof. Erdmann nach Nürnberg und nahm dort von den Einrichtungen der Nürnberg-Fürther Bahn Einsicht.

sammengestellt, um für die Eröffnung der Fahrten einen hinreichenden Fahrpark zu haben.

Im Frühjahr 1837 traf eine zweite Lokomotive, „Blitz", und
mit ihr auch ein zweiter englischer Führer, JOHN GREENER, in
Leipzig ein. Die bereits vorhandene Lokomotive „Komet" wurde
nach Posthausen geschafft, dort aufgestellt und zum ersten Male
am 28. März 1837 unter Theilnahme des Directoriums und des
Oberingenieurs Probe gefahren, worauf ihre fernere Verwendung zu
den Erdtransporten erfolgte.

Nachdem Unter- und Oberbau von Leipzig bis Althen, eine
Strecke von 16,200 Ellen, sowie die Fertigstellung der Transport-
mittel beendet waren, konnte endlich am 24. April 1837 die erste
Strecke mit einem Park von 8 Wagen eröffnet werden. Ein hölzerner
Schuppen für den Personenverkehr war auf hiesigem Bahnhofe erst
projectirt, in Althen aber auf einem von der Gemeinde erpachteten
Areal eine intermistische Restauration aus einer Art hölzerner mit
Sand gefüllter Kasten aufgebaut. Die **erste Fahrt erfolgte am
gedachten Tage früh 9 Uhr** und wurde nur von dem Directorium,
Ausschussmitgliedern und eingeladenen Gästen benutzt. An derselben nahm auch Se. Majestät der jetzige König von Sachsen, damals
noch Prinz Johann, Theil, der sich überhaupt für den Bau lebhaft
interessirt und die Erdarbeiten schon vorher besucht hatte. Die
übrigen Fahrten erfolgten in Zwischenräumen von einer Stunde. Die
Fahrpreise waren zu 8 Gr. in der I., zu 6 Gr. in der II. und zu 4 Gr. in
der III. Classe berechnet; die Fahrbillets, welche in der Regel zugleich
zur Rückfahrt von Althen, jedoch an eine Person auf einmal nicht
über fünf, ausgegeben wurden, lauteten wie bei den Fahrposten auf
einen bestimmten numerirten Platz. Die sonstigen Bestimmungen für
Aufrechterhaltung der Ordnung hatten bei der Neuheit der Sache
viel Schwierigkeiten gemacht. Namentlich handelte es sich um die
Instruction des Bahnwärter-Personals und die erforderlichen Signale,
welche damals von Wärter zu Wärter mit kleinen Flaggen gegeben

wurden. Des erwarteten Andrangs wegen hatte die Behörde zuerst sogar die Bewachung der an die Bahn angrenzenden Felder verlangt.

Die ersten Fahrten gingen glücklich von statten und ergaben am 24. April 1837 einen Erlös von 268 Thlr. 8 Gr., am 25. April von 254 Thlr. 1 Gr. Wurden in der folgenden Zeit dieselben auch mitunter unterbrochen, ereignete es sich namentlich auch zuweilen, dass von Leipzig nach Althen mit dem Dampfwagen gefahrene Passagiere wegen Mangel an Platz oder plötzlich eintretender Betriebsstörungen mit irgend einer andern Gelegenheit wieder zurück mussten, so war doch ein grosser Schritt gethan und ein bedeutender Erfolg erzielt. Man sammelte Erfahrungen über den Oberbau, Wagen und Maschinen, bildete einen Stamm für das Betriebspersonal aus und erweckte neues Vertrauen zu dem Unternehmen. Welches Interesse diese Fahrten hatten, zeigt der Umstand, dass im Laufe des Jahres viele auswärtige fürstliche Personen davon Gebrauch machten. — Erst einige Monate nach der Eröffnung ereignete sich ein Unfall, veranlasst durch die Eigenmächtigkeit eines Lokomotivführerlehrlings Schulze, der an Maschine und Wagen nicht unerheblichen Schaden anrichtete.

Während so die erste Strecke von Leipzig aus für die Eröffnung des Betriebs hergestellt und die Erdarbeiten bis nach Wurzen sowie die dortige Muldenbrücke mit möglichster Energie in Angriff genommen waren, konnte im Laufe des Jahres 1836 auf dem ganzen übrigen Theil der Bahnlinie von Wurzen bis Dresden, mit alleiniger Ausnahme der Elbbrücke bei Riesa, nicht ein einziger Spatenstich geschehen. Denn nachdem erst im April des Jahres die Allerhöchste generelle Genehmigung des gewählten Bahntracts eingegangen war, musste die Nivellirung und Detailvermessung vorgenommen und die Zeichnung der Pläne in mehreren Exemplaren gefertigt werden. Dieselben wurden von dem Ministerium zum Theil im November 1836, der Rest aber erst im März 1837 genehmigt. Manche Differenzen hatte der Oberingenieur hierbei insbesondere gegenüber den Strassenbaubehörden zur Ausgleichung zu bringen, indem namentlich für

die Strassenübergänge bei Kornhain und Trachau, Bedingungen
gestellt wurden, deren Erfüllung der Oberingenieur im Interresse
der Compagnie nicht zusagen zu dürfen glaubte. Dem vermittelnden
Einschreiten des Kreisdirector Dr. von FALKENSTEIN hat die Compagnie auch hierbei viel zu verdanken. Bei dieser Gelegenheit
wurde für Eisenbahnbauten der Grundsatz aufgestellt, dass Chaussée-
kreuzungen nie mehr im Niveau, sondern entweder über oder unter
der Bahn durch Ueberbrückungen erfolgen sollten. Nach erfolgter
definitiver Genehmigung der Pläne konnte das Expropriationsgeschäft eigentlich erst beginnen und dies geschah, um schneller zum
Ziele zu gelangen, von beiden Endpunkten, von Wurzen wie von
Dresden aus. Von letzterer Stadt aus war Finanzprocurator Advokat
OPITZ Rechtsbeistand der Compagnie und in gleicher Weise wie der
Actor der Compagnie, Dr. von ZAHN, thätig. Für den Bahnhof daselbst
hatte man schon früher ein Areal von $19^1/_3$ Scheffel Landes in der
Neustadt zwischen den Chausséen von Grossenhain und Meissen für
den Preis von 19,533 Thlr. 8 Gr. erworben. In der 3. Generalversammlung am 15. Juni 1837 konnte mitgetheilt werden, dass nach
einer am 14. Juni eingegangenen Anzeige die Compagnie in den
Besitz des ganzen nöthigen Landes, etwa 500 Acker in 3920 Parzellen umfassend und von 1207 Eigenthümern erworben, gekommen
sei. Später erforderliche Acquisitionen ergaben bei Eröffnung der
ganzen Bahn einen Arealbesitz von etwa 700 Ackern. — Die Elbbrücke bei Riesa, bereits im Jahre 1836 in Angriff genommen, wurde
von dem Erbauer der Muldenbrücke, dem Landbaumeister KÖNIGS-
DÖRFFER, für die Summe von 270,000 Thlr. in Accord zur Ausführung
übernommen. Der Oberingenieur KUNZ war bei wiederholter Berathung über den Uebergangspunkt, gegen das von dem Ingenieur
WALKER abgegebene Gutachten, bei seiner früheren Ansicht, die
Brücke nach Strehla zu verlegen, stehen geblieben. Man entschied
sich jedoch für den Ausspruch WALKER's und wählte den dermaligen
Uebergangspunkt zwischen Riesa und dem Dorfe Gröba. Die Brücke
war auf eine Axenlänge von 604 Ellen mit 11 steinernen Pfeilern

und hölzernem Oberbau projectirt. Wegen dieses Bau's, sowie wegen
der daran sich anschliessenden Dämme wurden Seiten der Elb-
schiffer und der angrenzenden Ortschaften mehrfache Ansprüche
erhoben, die sich jedoch im Wesentlichen als grundlos herausstellten.

Die mit Energie auf der Strecke zwischen Dresden und Wurzen
in Angriff genommenen Arbeiten erforderten bedeutende Arbeits-
kräfte, nicht allein ausführende, sondern auch leitende. Ausser dem
bereits genannten Ingenieur Köhler, welcher als Betriebsingenieur
in Leipzig verblieb, und dem Ingenieur Dietz, welcher den Bau über
Wurzen bis Oschatz leitete, wurden dazu engagirt der Ingenieur
Lieutenant Peters*, der hannoversche Lieutenant Hartmann**, die
Bauconducteure Wohlbrück und Mohn***, der Ingenieur-Assistent
Eichler†, die Assistenten Rachel, Poege, Burghart und die Conduc-
teure Frauenstein und Georgi††, die alle ihre Schule im Eisenbahnbauwesen auf der Leipzig-Dresdner Eisenbahn gemacht haben. Wegen
der Arbeiter erliess man öffentliche Aufrufe und versandte dieselben
an die Behörden zur Instruction für die zum Eisenbahnbau gehenden
Leute ihrer Bezirke. Es waren hierbei verschiedene Vorschläge zum
Vorschein gekommen, einmal sollten Soldaten zum Bau aufgeboten,
dann zur leichtern Unterbringung der Leute Baracken längs der
Bahn gebaut werden und dergleichen. Von diesem Allen würde
nichts nöthig oder ausführbar befunden. Dagegen machten die von
den Behörden der durch die Linie getroffenen Ortschaften wegen
der Legitimation und der etwa erforderlichen Versorgung, sowie der
Beaufsichtigung der Arbeiter erhobenen Bedenken viel Schwierigkeiten. Man suchte dieselben soviel als möglich zu beseitigen, indem
man einestheils die Heimathsbehörden der Arbeiter auf die Be-

---

* Jetzt Oberstlieutenant im sächsischen Ingenieur-Corps.
** Jetzt Betriebsdirector der hannoverschen Staatsbahn in Bremen.
*** Letzterer Königlich Hannoverscher Oberbaurath.
† Jetzt Substitut des Centraldirectors der österreichischen Staatseisenbahn-
Gesellschaft.
†† Jetzt Königl. Wasserbaninspector in Riesa.

dingungen der Legitimation aufmerksam machte, anderntheils Hülfs-
kassen errichtete, aus denen Unterstützungen in Krankheitsfällen
gezahlt wurden. Für die Beaufsichtigung stellte die Regierung
Hülfsgensdarmen, für deren Auslösung zu zwei Dritttheilen die
Compagnie trotz wiederholter Remonstrationen aufkommen musste.
Der Bau wurde in 5 Abtheilungen, und diese in Sectionen mit je
einem Werkplatz getheilt, dem ausser dem Abtheilungs-Ingenieur
und seinem etwaigen Assistenten ein Oberaufseher mit verschiedenen
Unteraufsehern vorstand. Derartige Werkplätze waren:

Leipzig mit Sommerfeld Machern mit Bennewitz	I. Abtheilung,
Wurzen mit Kühren Radegast Colmesmühle	II. Abtheilung,
Zschöllau Bornitz Riesa mit Röderau	III. Abtheilung,
Grödler Canal Leckwitz Pristewitz Jessen	IV. Abtheilung,
Oberau Coswig Trachau Dresden	V. Abtheilung.

Der feste tägliche Lohn für die Arbeiter war im Durchschnitt
6—8 gGr., doch verdienten Accordarbeiter, und diess war die Mehrzahl, 10—14 gGr. und noch mehr per Tag. Oft waren über 7000 Mann
zugleich auf dem Bau beschäftigt. Der Oberingenieur selbst hatte in
dieser Zeit seinen Sitz nach Oschatz verlegt, um in die Mitte der Bahn
versetzt, alle Meldungen und Berichte von den verschiedenen Punkten
in der kürzesten Zeit zu erhalten und auf die leichteste Weise sich

dahin zu begeben, wo seine Gegenwart nothwendig. Seine Thätigkeit, Umsicht und Beharrlichkeit war unermüdet.

Besondere Bauwerke waren daneben noch der Zschöllauer Viaduct, die Elbbrücke, der Röderauer Viaduct — eine wegen der Elbüberschwemmungen nöthige Anlage — und der Tunnel bei Oberau. Letzterer, dessen Länge von ursprünglich 1600 Ellen bedeutend reducirt werden konnte, wurde nach einem von dem Oberbergamt in Freiberg entworfenen Plan rein bergmännisch durch von dort requirirte Bergarbeiter unter 1 Obersteiger, 2 Untersteigern mit den nöthigen Berg-Zimmer-Förder-Leuten und dergleichen betrieben und von vier niedergesenkten Schachten aus in Angriff genommen. Die Bergarbeiter blieben hierbei in ihrem eigenthümlichen Knappschaftsverhältniss, die Compagnie musste aber auch die Knappschafts-Cassenbeiträge, durchschnittlich 12 Thlr pro Mann jährlich, zahlen, wofür die Unterstützungen in Nothfällen von der Casse in Freiberg gewährt wurden. —

Nach Beendigung der Detailvermessung der Strecke von Wurzen bis Dresden gingen am 29. Mai 1837 auch die Kostenanschläge ein. Wovon man schon seit einiger Zeit überzeugt war, dass das Actiencapital von $1\frac{1}{2}$ Millionen Thaler, worauf bis Ende Mai 1837 bereits 70 % eingezahlt waren, nicht ausreichend sein werde, das wurde dadurch zur Gewissheit, die allerdings selbst die weitgehendsten Befürchtungen übertraf; denn der Anschlag belief sich auf die Summe von

4,385,970 Thlr. 5 gGr. 1 Pf.

gegen die ursprüngliche Anschlagssumme von 1,808,991 Thlr. 10 gGr. 11 Pf. Im Directorium war man sofort übereinstimmend der Ansicht, das Actiencapital auf die erforderliche dreifache Höhe von $4\frac{1}{2}$ Millionen Thaler zu bringen. Nach §. 60 der Statuten war die Genehmigung des Gesellschaftsausschusses und ausserdem, nach dem Bestädigungsdecret vom 20. März 1837, des Ministeriums des Innern hierzu erforderlich. Diese wurden nachgesucht und ertheilt. Motivirt wurde der auf den ersten Anblick höchst auffällige, mehr als das Doppelte des ersten Anschlags betragende neue Kostenanschlag, und damit die Erhöhung des Actiencapitals hauptsächlich durch folgende Momente:

1. Das bei der ersten Veranschlagung angenommene Profil, construirt nach einem Steigungsverhältnisse von $1:100$, war auf Empfehlung WALKER's in seinen Steigungen auf $1:200$ reducirt und durch Annahme des von demselben vorgeschlagenen Elbübergangspunkts der Tract von Oschatz ab überhaupt verändert worden. Hieraus sowie aus den erhöhten Anschlägen für die Brückenbauten und dergleichen ergab sich für den Oberbau gegenüber der früheren Anschlagssumme von 824,125 Thlr. eine Erhöhung auf 2,188,392 Thlr., wogegen aus der Ersparung an Transportkosten, Leichtigkeit des Betriebs u. s. f. zum Theil Entschädigung dafür erwartet wurde. —

2. Der frühere mit $2^1/_2$ Zoll breiten und $^5/_8$ Zoll starken Eisenschienen berechnete Oberbau wurde gänzlich verlassen, wozu die Erfahrungen auf der ersten Strecke von Leipzig bis Althen die dringendste Veranlassung gaben. Von den drei in Vorschlag gebrachten Arten des Oberbau's wurde die von dem Ingenieur CHARLES VIGNOLES, mit dem bereits der Eisenbahncomité in Beziehung gestanden hatte, empfohlene Methode angenommen. Dieselbe bestand darin, dass Schienen von $2^1/_2$ Zoll Kopf- und 4 Zoll Fuss-Breite, $2^1/_2$ Zoll englisch Höhe mit einem Profil von $5^{28}/_{100}$ ⬜ Zoll in der jetzigen Form ⎓, die Yard 50 Pfund englisch wiegend, mit Beseitigung aller Verbindungs- und Unterstützungsstühle nur durch starke hakenförmige Nägel gehalten, auf 6 Zoll hohen und 8 Zoll breiten Langschwellen, die auf Grundschwellen von 8 Zoll im Quadrat ruhten, gelegt wurden. Diese Bauart wurde später, allerdings unter Widerspruch und Verwahrung

des Ober-Ingenieur, dahin modificirt, dass von den Langschwellen überhaupt abgesehen und nur stärkere Querschwellen von 2 zu 2 Fuss, später bis 3 Fuss auseinanderliegend, auf ein fortlaufendes Kiesbett gelegt und durch walzeiserne Verbindungsplatten befestigt wurden. Der Anschlag hierfür belief sich auf 1,052,577 Thlr. 16 gGr. 4 Pf. gegen 488,719 Thlr. 10 gGr. in der ersten Aufstellung.

3. In gleichem Verhältnisse hatten sich die Ansätze für die Gebäude, Maschinen und die Expropriation erhöht.

Bei der Erhöhung des Actiencapitals auf 4,500,000 Thlr. ergab sich inclusive der 500,000 Thlr. Cassenscheine gegen den gedachten Anschlag von 4,385,970 Thlr. ein Ueberschuss von 614,030 Thlr. Dem gegenüber wurde die Verdreifachung des Capitals dadurch motivirt, dass die Kosten eines zweiten Gleises, die projectirten Anschlussbahnen an die Magdeburg-Leipziger und Berlin-Riesaer, sowie die Verbindungsbahn nach Meissen diesen Ueberschuss absorbiren und die Anleihen, welche nach den Statuten nur bis zu einem Dritttheil des Actiencapitals aufgenommen werden konnten, erforderlich machen würden.

Für die Modalität der Vermehrung waren namentlich 2 Vorschläge in Frage gekommen, entweder:

„nach beendigter 8. Einzahlung, und wenn eine neue erforderlich geworden, 45,000 neue Interimsscheine auszugeben; die Inhaber der alten Interimsscheine aufzufordern, eine abermalige Einzahlung von 10 Thlr. pro Actie zu leisten und denselben die neu creirten 30,000 Stück Scheine unter der Bedingung pari anzubieten, dass ihnen für jeden eingelieferten alten Schein drei neue Interimsscheine mit 30 Thlr. Einzahlung ausgehändigt werden sollten. Diejenigen alten Interimsscheine, auf welche zwar der Einschuss von 10 Thlr. per Actie geleistet würde, deren Besitzer aber auf die Annahme der neuen Scheine freiwillig verzichteten, sollten in vollkommener Gültigkeit bleiben; es

würden aber für jeden solchen alten Schein zwei neue Scheine
über 30 Thlr. Einzahlung creirt und verkauft. Auf die alten
Interimsscheine wären dann so lange keine Einzahlungen weiter
einzufordern, als nicht auf die neuen ebenfalls 90 Thlr. eingezahlt wären;"

oder:

„die jetzt vorhandenen 15,000 Stück Interimsscheine würden
beibehalten, darauf die 8. Einzahlung angenommen und quittirt,
30,000 neue Scheine creirt und diese, um sie von den ältern zu
unterscheiden, in einer andern Farbe gedruckt und mit den Buchstaben B bezeichnet. Nach vollendeter 8. Einzahlung, und wenn
eine andere nothwendig geworden, wären die Inhaber der alten
Scheine aufzufordern, gegen Vorzeigung eines alten Scheines und
dessen Abstempelung mit dem Buchstaben A, auf eine Einzahlung
von 10 Thlr. pro Actie, zwei neue Scheine in Empfang zu nehmen,
auf welchen diese Einzahlung als die erste getheilt quittirt stände.
Die neuen Scheine, welche von den Inhabern der alten bis zum
Schlusse der Einzahlung nicht abgenommen werden sollten,
kämen zur öffentlichen Versteigerung. Auf die neu creirten
Scheine würden in ununterbrochener Reihe, so wie es das Bedürfniss erforderte, und in Gemässheit des §. 3 der Statuten, so
viele Einzahlungen eingefordert, bis darauf gleichfalls 80 Thlr.
eingezahlt wären, und auf die alten inzwischen keine Einzahlungen
angenommen."

Directorium und Ausschuss entschieden sich für die erstere
dieser in Frage gekommenen Modalitäten, theils weil dieselbe unbe-
zweifelt einfacher war und zwei Classen Interimsscheine vermied,
welche in den damit häufig gemachten Geschäften, zumal für den
Anfang, mannigfache Verwickelungen und Verluste herbeigeführt
haben würden, — theils und wesentlich aber, weil Actien, auf welche
bereits starke Einschüsse gemacht worden, im Falle von Geldcrisen
oder politischen Ereignissen, der Unternehmung eine ungleich

stärkere Garantie darböten, als Actien mit nur schwachen Einzahlungen.

Auf die neuen Interimsscheine sollten die Einzahlungen mit nur 5 Thlr. pro Stück ausgeschrieben und statt der bisherigen schriftlichen Quittungen über die Einzahlungen auf den alten Interimsscheinen bei jeder Einzahlung neue Interimsscheine ausgegeben werden. Schwierigkeiten wurden hierbei wegen der für wünschenswerth erachteten Rückgabe der nämlichen Nummern gemacht, davon aber schliesslich Abstand genommen und nur die gleiche Stückzahl in neuen Interimsscheinen verabfolgt. Die Rentabilität des Unternehmens, welche früher nach einem mehr als doppelt niedrigeren Anlagecapital mit $9^3/_4\,^0/_0$ berechnet war, glaubte man auch bei einem so wesentlich erhöhten Bauaufwand nicht gefährdet, und rechnete auf die durch die Anlage der Bahn und den Anschluss anderer Bahnen zu erwartende Vermehrung des Verkehrs.

In der am 15. Juni 1837 stattfindenden dritten Generalversammlung wurde die beschlossene Verdreifachung des Actiencapitals Gegenstand einer heftigen Debatte. Das Bekanntwerden des Beschlusses hatte bereits in der Presse mannigfache Angriffe gegen das Directorium, das hierbei der Agiotage und Speculation beschuldigt wurde, hervorgerufen, wie überhaupt die „Drillinge" — wie man die verdreifachten Interimsscheine im Publikum bezeichnete — nicht günstig aufgenommen und namentlich nur durch den höheren Cours der Actien gehalten wurden. In der Versammlung waren es namentlich ein Actionair aus Nürnberg, wo, wie in Fürth, viele Zeichner sich befanden, und der Consul List, welche die Vermehrung des Capitals heftig angriffen; Ersterer auf Ersparnisse, Letzterer auf nochmalige genaue Prüfung der ihm zu hoch scheinenden Anschläge dringend. Die von ihnen gestellten Anträge fanden jedoch keine Annahme. In derselben Versammlung gelangte auch ein Antrag des Consul List auf Entschädigung seiner Bemühungen und Verdienste um das Unternehmen der Leipzig-Dresdner Eisenbahn-Compagnie zur Beschlussfassung. Der von dem Bevollmächtigten List's gestellte Antrag, demselben dafür nachträglich die Summe von 2000 Thlrn. zu bewilligen, wurde mit dem Zusatze angenommen, es möge das dankende Anerkenntniss der Versammlung für die schätzbaren Bemühungen des Consul List besonders im Protokoll bemerkt werden. — Da das Verhältniss List's zum Directorium der Leipzig-Dresdner Eisenbahn-Compagnie in dem von Professor Ludwig Häusser in Heidelberg aus List's Nachlasse bearbeiteten Leben S. 191 ff. eine so herbe Beurtheilung erfahren, so wird es hier am Platze sein, darauf einzugehen, umsomehr, als noch vor Kurzem ein Aufsatz im Leipziger Tageblatt (No. 334 des Jahrgangs 1863) die Häusser'sche Darstellung reproducirt hat.

Häusser wirft den Unternehmern der Leipzig-Dresdner Eisenbahn Engherzigkeit und Undankbarkeit gegen List vor, indem sie ihn, der die erste Anregung zu dem Unternehmen in Hinblick auf ein deutsches Eisenbahnsystem gegeben, der im Anfang durch Rath und That, namentlich durch seine Feder für dasselbe thätig gewesen, von dem die Ideen und Grundzüge für die Arbeiten des Comité ausgegangen, in seinen gerechten Erwartungen auf entsprechende Belohnung getäuscht, als lästigen Planmacher bei Seite geschoben und zuletzt mit einer Summe von 2000 Thlrn. abgefunden hätten. Häusser will den Unternehmern der sächsischen Eisenbahn keinen besondern Vorwurf daraus machen; es würde List eben überall in Deutschland so gegangen sein, da die Kleinlichkeit der Beurtheilung, der spärliche Dank, die Unfähigkeit, Grosses zu würdigen, leider characteristische Züge des öffentlichen Lebens in Deutschland seien.

Letztere Argumentation will man dahin gestellt sein lassen. Aus der ganzen Darstellung geht aber so viel hervor, dass die Beurtheilung lediglich in der List'schen Auffassung und in dessen eigenen Notizen über das Verhältniss ihre Quelle hat und nicht durchweg objectiv gehalten erscheint. Denn bekannt ist es, wie Häusser auch selbst bemerkt, dass sich List's eine Verbitterung bemächtigt hatte, die nur zu leicht eine Missachtung seiner Verdienste und eine Verkennung seiner Bestrebungen sah, wo lediglich

die Natur der Verhältnisse obwaltete oder ruhige, dem Realen sich
anpassende Beurtheilung vorherrschte. So auch in dem Verhältnisse
zur Leipzig - Dresdner Eisenbahn. Stets ist das Verdienst Lɪsᴛ's
anerkannt worden, insofern er, wie überhaupt die Ideen für das Eisenbahnwesen in Deutschland, so namentlich auch die für eine Eisenbahn von Leipzig nach Dresden zum bewussten und thatsächlichen
Ausdruck gebracht hat. Seine beiden Eingangs gedachten Schriftchen, die Entwürfe seiner Berichte an das Publikum, sie sind
von nicht zu unterschätzendem Erfolge gewesen. Als deshalb Lɪsᴛ
sowohl vor als nach dem Zusammentritt des Comités den Hauptinteressenten gegenüber seine Erwartungen auf eine Entschädigung
wegen seiner Bemühungen namentlich durch eine Anstellung als ge-
schäftsführender Director, acting manager, bei der künftigen Gesellschaft aussprach, konnte man ihm zwar nach Lage der Sache eine
bestimmte Zusicherung nicht geben, da der Comité lediglich eine
provisorische Stellung hatte, man äusserte sich aber im Allgemeinen
dahin, dass man allen zu Gebote stehenden Einfluss bei dem künftigen Directorium der zu bildenden Compagnie anwenden wolle, um
ihm eine thatsächliche, anständige und genügende Anerkennung
seiner Bemühungen zu sichern.

Dass Lɪsᴛ bei der Wahl des Comité nicht berücksichtigt wurde,
lag lediglich in der vom Leipziger Stadtrath aufgestellten natürlichen
Bedingung der Wahlfähigkeit, Mitglied der Stadtgemeinde Leipzigs
zu sein, was Lɪsᴛ nicht war. Die sofortige und einstimmige Cooptation
desselben zum vollberechtigten Ehrenmitglied lässt daher hierin für
die bezügliche Behauptung Häᴜssᴇʀ's (S. 202), dass man zwar Lɪsᴛ's
Talent habe ausbeuten, aber wenn das geschehen sei, ihn womöglich
bei Seite schieben wollen, nicht den geringsten Anhaltepunkt finden.
Der Statutenentwurf legte die Wahl der leitenden Gesellschaftsorgane
lediglich in die Hände der Generalversammlung und des von diesem
gewählten Gesellschaftsausschusses. Man musste durchaus unpar-
teiisch und interesselos verfahren, um kein Misstrauen im Publikum
zu erwecken, als ob es bei dem Unternehmen nur auf einen Gewinn

für die Unternehmer abgesehen sei. Keines der Comitémitglieder hatte sich irgend einen besonderen Vortheil ausbedungen, obwohl auch sie Zeit und Mühe der Sache geopfert hatten.

List wurde mit in den Ausschuss, von diesem aber nicht in das Directorium gewählt. Die Wahl des Bevollmächtigten fiel auf den Kramermeister Tenner. Den Intentionen List's hätte aber auch in der ersten Zeit weder die Stellung als Directorialmitglied noch als Bevollmächtigter entsprochen. Er wollte nicht Vorsitzender, dessen beschied er sich, sondern acting manager, vollziehender Director mit Stimmrecht und einem guten Gehalte werden; die Stellung des Bevollmächtigten, wie sie durch die Statuten bestimmt wurde, sagte ihm nach seinen wiederholt gethanen Aeusserungen nicht zu; Organ, Maschine des Directoriums zu sein, das sei für die Wichtigkeit dieser Stellung nicht entsprechend. Wenn man aber auch List eine von ihm gewünschte Stellung nach den Statuten hätte einräumen können, so würde dies den Ansichten gegenüber, die im Publikum und unter den Actionairen über seine Thätigkeit herrschten, im Interesse des Unternehmens nicht rathsam gewesen sein. List war, wie diess in seiner agitatorischen Thätigkeit und seiner genialen Auffassung der Sache lag, nicht bei dem Unternehmen einer Bahn von Leipzig nach Dresden stehen geblieben, er hatte stets ein deutsches Eisenbahnsystem und namentlich zunächst die Verbindung Leipzigs mit Magdeburg, Berlin und Hamburg vor Augen. Dafür war er unausgesetzt thätig und über diese Pläne sprach er auch in der 1. Generalversammlung am 5. Juni 1835. Es war bei dem noch herrschenden Zweifel an der Möglichkeit einer Bahn von Leipzig nach Dresden natürlich, dass man in diesen weit aussehenden Plänen eine Gefährdung für das eigene Unternehmen, in List's Ideen unausführbare Projecte sah, wozu die Leipzig-Dresdner Bahn nur als Folie dienen sollte. Einen thatsächlichen Beweis hierfür lieferte die Stimmung in welcher sein Vortrag darüber in der gedachten Versammlung aufgenommen wurde, wo namentlich eine Stimme aus der Mitte der Actionaire statt alles Weiteren „Kürze" verlangte. Wollte also das

Directorium kein Misstrauen gegen das eigene Unternehmen aufkommen lassen, so durfte es sich durch die Stellung LIST's an dessen
Spitze nicht mit dessen Projecten identificiren, so begründet und
gerechtfertigt dieselben, wenigstens für die Folgezeit und unter andern
Verhältnissen, auch sein mochten. Es blieb daher nichts übrig, als
die an LIST früher gegebene Zusage, das Directorium zu einer ehren-
vollen Entschädigung für seine Opfer und Anstrengungen zu ver-
mögen, zu erfüllen. Diess geschah in der Weise, dass mit Zustimmung
des Gesellschaftsausschusses LIST zunächst die Summe von 2000 Thlr.
als ein Ehrengeschenk offerirt wurde. Als LIST hiermit nicht zufrieden
gestellt erschien, machte man ihm eine anderweite Offerte dahin, dass
ihm ein Antheil vom reinen Gewinn der Eisenbahn nach Höhe von
1 % der für die Actionaire zur Vertheilung kommenden Summe auf
eine Reihe von 8 Jahren, von dem ersten Jahre nach Vollendung und
Eröffnung der Leipzig-Dresdner Eisenbahn gerechnet, verwilligt
werden solle. Diese Offerte acceptirte LIST, trat jedoch den daraus
erlangten Anspruch sofort an ein Leipziger Banquierhaus für die
Summe von 2000 Thlr. ab, von welchem das Ehrengeschenk dann wiederum für die Gesellschaft zurückerworben wurde. Eine besondere
öffentliche Anerkennung, welche LIST noch über seine Verdienste um
das Unternehmen vom Ausschuss gefordert hatte, glaubte man nicht
ertheilen zu können, da sich dieselbe nur auf seine frühere Thätigkeit im Comité erstrecken konnte, deren Beurtheilung den meisten
Mitgliedern des Ausschusses ferne lag. Während diese Abmachung
gegen Ende des Jahres 1835 vor sich gegangen war, trat LIST, wie
bereits gedacht, in der 3. Generalversammlung am 15. Juni 1837
nochmals mit seinen Ansprüchen hervor und es wurden ihm in Folge
davon in der obbenannten Weise namentlich unter ehrender Anerkennung seiner Verdienste anderweit 2000 Thlr. verwilligt. Er hat
daher nicht, wie HÄUSSER S. 215 seiner angezogenen Schrift bemerkt,
lediglich 2000 Thlr. erhalten, sondern ausser dieser Summe ein Ehrengeschenk, das LIST nach seinen eigenen Schätzungen von der Rentabilität der Bahn viel höher als 2000 Thlr. veranschlagen musste und

das sich nach der Wirklichkeit auch etwas höher, auf etwa 2700 Thlr., verwerthet hätte.

Wenn es nach alledem den Anschein hat, als ob es LIST nur um eine gehörige Geldentschädigung für seine Thätigkeit Seiten der Leipzig-Dresdner Eisenbahn-Compagnie zu thun gewesen ist, so kann man nur noch fragen, ob dem nicht in einer den Verhältnissen entsprechenden Weise Genüge geschehen. Bedenkt man, dass das Unternehmen nur mit einem Anlagekapital von $1\frac{1}{2}$ Millionen Thalern begonnen, dass von vielen Seiten dessen Rentabilität angezweifelt wurde, dass keines der übrigen Comitémitglieder sich einen Vortheil ausbedungen hatte, dass auch die durch den Gesellschafts - Ausschuss festgestellte Honorirung der Directoren während der Bauzeit selbst nur eine mässige war, — jährlich 1500 Thlr. für den Vorsitzenden und 750 für die übrigen 4 Directoren — so dürfte der Vorwurf der Undankbarkeit und Engherzigkeit keinesfalls begründet erscheinen. Die Verhältnisse lagen hier eben nicht so wie die von HÄUSSER zum Vergleich angezogenen der amerikanischen Compagnie, und das Directorium würde dem Misstrauen und eventuell selbst dem Regresse der Actionaire nicht entgangen sein, wenn es anders als wie geschehen, gehandelt hätte. — Es mag diese kurze Rechtfertigung für das damalige Directorium gegenüber den in der That schweren Beschuldigungen in der gedachten LIST'schen Biographie genügen. Die Darstellung dürfte wenigstens objectiver gehalten sein, als die auf einseitige Anschauungen sich gründenden Vorwürfe.

Auf die von dem Directorium, in Gemässheit des über die Vermehrung des Actiencapitals gefassten Beschlusses, unterm 20. Juni 1837 erlassene Bekanntmachung, welche den Actionairen in der gedachten Weise die Wahl liess, hatten nur 3 Actionaire, die Eigenthümer von 200 (die Stadt Leipzig), 50 und 14 Stück Interimsscheinen, es vorgezogen, die alten Interimsscheine mit $90\,^0/_0$ Einzahlung zu behalten, alle übrigen aber den Umtausch bewirkt. Gewiss ein Vertrauensvotum, das allerdings durch einen Cours von $20—30^0/_0$ über pari, der sich auch nach Veröffentlichung des Beschlusses noch erhielt, wesent-

lich unterstützt wurde.[*] Den ersten 15,000 Stück Actien wurden
übrigens die bis dahin aus dem Verkaufe des Rests der bei der ersten
Zeichnung reservirten, sowie der bei den folgenden Einzahlungen
präjudicirten Actien und der Nettoeinnahme von den Probefahrten
nach Althen erzielten Erträgnisse durch Anrechnung von 2 Thlr.
pro Actie auf die 8. Einzahlung à $10^0/_0$ nach Beschluss der Generalversammlung von 1837 vergütet. Die neuen Einzahlungen à $5^0/_0$
wurden laut Bekanntmachung vom 24. Juli 1837 nicht nur in Leipzig,
sondern auch in Augsburg, Berlin, Dresden, Frankfurt a/M., Hamburg,
Magdeburg, München, Nürnberg und Wien angenommen, um auswärtigen Actionairen die Leistung zu erleichtern und dadurch auch
fremde Plätze für das Unternehmen zu interessiren.

Der Bedarf an Geldmitteln für den Bau war übrigens so stark, dass
die in Zwischenräumen von nicht unter 2 Monat auszuschreibenden
Einzahlungen von $5^0/_0$ oft nicht hinreichten, um denselben zu decken.
Das Directorium musste deshalb oft zu Anleihen verschreiten, die
aber meist nur unter **persönlicher** Garantie der Directorialmit-
glieder gegeben wurden. Auch in dieser Hinsicht hat die Sächsische
Staatsregierung wie in vielen andern Beziehungen der Compagnie
das anerkennenswertheste Entgegenkommen bewiesen und wiederholt
bedeutende Summen gegen einen billigen Zinsfuss vorgestreckt.
Ebenso sind der Stadtrath von Leipzig und mehrere Gesellschaften daselbst durch Vorschüsse zur Hand gegangen. Für das mit den Cassen-
geschäften betraute Directorialmitglied G. L. Preusser war daher die
Sorge für Bereithaltung der erforderlichen Mittel oft nicht gering,
um so mehr, als die Ausgabe der 500,000 Thlr. Cassenscheine, auf
welche man hierbei so wesentlich gerechnet hatte, vor Verwendung des
ursprünglichen Anlagecapitals von $1^1/_2$ Millionen Thalern in die Bahn
nicht gestattet und dann auf wiederholtes Ansuchen zunächst für die
Summe von 100,000 Thlr. erst nach Eröffnung der Bahn bis Wurzen
zugelassen wurde. Die Vervollständigung der Summe von 500,000 Thlr.

* Am 1. Mai 1837 war der Cours $141^3/_4 {}^0/_0$, am 30. Juni 1837 $122^0/_0$.

erfolgte nach Maassgabe der Vollendung der Bahnstrecken. Um ihnen im Verkehre den Cours zu eröffnen und zu sichern, bedurfte es übrigens anfangs mancher Anstrengung und Opfer, z. B. bei der Einlösung, welche durch die vormalige Disconto-Casse in Leipzig gegen entsprechende Provision bewirkt wurde.

An Oberbaumaterial für die 4 Abtheilungen von Wurzen ab war der Bedarf auf etwa 100,000 Ctr. gewalzter Schienen, 179,060 kieferne oder harthölzerne Querschwellen, 50,000 Stück Verbindungsplatten und 850,000 Stück Nägel berechnet worden. Bis auf die Schienen wurde wegen dieser Materialien in Deutschland abgeschlossen, für einen Theil der Schwellen namentlich in Böhmen contrahirt. Der Preis für letztere stellte sich auf 72 Thlr. für 100 Stück der starken und auf 63 Thlr. für 100 Stück der schwächeren kiefernen Schwellen frei an das den Werkplätzen zunächst gelegene Elbufer.

Wegen der Schienen ging am 17. August 1837 Consul C. HIRZEL-LAMPE, damals stellvertretendes Mitglied des Directoriums, nach England und contrahirte mit einigen dortigen Werken zum Preis von $10^1/_4—10^1/_2$ £ per ton = $3^1/_3—3^1/_2$ Thlr. per Ctr. frei ins Schiff, von wo die Transporte auf Rechnung und Gefahr der Compagnie gingen. Die Länge der Schienen war contractlich auf 12 Fuss englisch festgestellt, doch konnten auch geringere Längen bis zu 6 Fuss herab geliefert werden. Später erst bestimmte man die Schienenlänge auf 16—18 Fuss. Die Hauptlieferanten waren GUEST, LEWIS & Co. in Dowlais und THOMPSON & FOREMAN in London. Die Abschlüsse waren mit Rücksicht auf die damaligen Conjuncturen und Schwankungen in den Eisenpreisen günstig. HIRZEL kehrte am 30. September 1837 zurück und hatte somit das Geschäft in dem Betrage von beinahe 400,000 Thlrn. in verhältnissmässig kurzer Zeit gemacht und dabei der Compagnie bedeutende Vermittelungsspesen erspart, auch ausserdem über Eisenbahnwesen wichtige Notizen gesammelt. Als Sachverständiger stand ihm der zur selben Zeit nach England gereiste Oberhüttenmeister ALEX in Lauchhammer zur Seite. Die Qualität dieser von England bezogenen Schienen hat sich sehr bewährt. Ein mit 150 Tons derselben beladenes Schiff, Carl Johann, ging übrigens an der Küste von Ostfriesland zu Grunde, jedoch ohne Nachtheil für die Compagnie, da die Sendung versichert war. Welchen bedeutenden Gegenstand die auf diesen Schienenlieferungen und anderen Materialien haftenden Zölle bildeten, geht daraus hervor, dass dieselben im Jahre 1838 sich auf 110,000 Thlr. beliefen; denn der Centner Schienen zahlte vom Jahre 1837 ab 1 Thlr., während für sonstige Materialien für Lokomotiven und Wagen, namentlich Achsen und Räder, der Zoll per Centner 6 Thlr. betrug. Es lässt sich hieraus ersehen, mit welchen Opfern damals gebaut werden musste, im Vergleiche zur Jetztzeit, wo für Schienen franco Leipzig etwa $3^2/_3$ Thlr. per Centner gezahlt wird. Wie bereits oben gedacht, führten die Versuche, eine zollfreie Einfuhr beziehentlich Herabsetzung des Zolls zu erlangen, schliesslich nur auf Gewährung eines Zollcredits.

Der Bau der Bahn für den übrigen Theil des Jahres 1837 schritt rüstig vorwärts und Ende December waren $9^5/_8$ Meilen à 32,000 Fuss Planie fertig. Ueber den Stand der Arbeiten wurden monatliche gedruckte Berichte ausgegeben, denen von 1838 ab auch der Grundriss des Tunnels zur Verdeutlichung über den Fortgang dieses für das schwierigste Werk der Bahn geachteten Baues beigedruckt wurde. Zur Veranschaulichung der Form und des Inhalts dieser Nachweise ist ein Abdruck des per Ende Februar 1838 ausgegebenen im Anhang beigefügt.

In Leipzig wurde die Wagenbauanstalt vervollkommnet und damit eine Schmiedewerkstatt verbunden. Sie baute bereits im Jahre 1837 3 Wagen II., 9 Wagen III. Classe, 1 Lowry und im Frühjahr 1838 wurden je 9 Wagen I. und II. Classe, 5 Wagen III. Classe, 3 Güterwagen und ein Wagen für Pferde fertig. Auch das Maschinenhaus wurde eingerichtet und mit den für die Reparaturen der Lokomotiven nöthigen Hülfsmaschinen versehen. Zu den beiden vorhandenen Lokomotiven war eine dritte und vierte, „Renner" und „Windsbraut", gekommen. Neben den bisher vierrädrigen hatte man auch sechsrädrige bestellt. Der „Comet" wurde als Modell an die

Uebigauer Maschinenbaugesellschaft verliehen, welche darnach die später von der Compagnie acquirirte, allerdings für die Dauer nicht befriedigende Maschine „Saxonia" baute. Auch ein dritter englischer Lokomotivführer, Namens Pierpoint, war eingetroffen, der jedoch in Folge seines insolenten und renitenten Betragens halber bald wieder entlassen werden musste. Da sich inzwischen auch die deutschen Lokomotivführerlehrlinge, von denen einer, Namens Lerpe, durch Ueberfahren den Tod erlitt, heranbildeten, so konnte man sich von den englischen Führern bald emancipiren. Um die mit nicht unbedeutenden Opfern angelernten Führer nicht sobald zu verlieren, nahm man übrigens darauf Bedacht, mit andern Eisenbahngesellschaften ein von den meisten derselben angenommenes Cartel dahin abzuschliessen, dass keiner ohne Genehmigung seiner bisherigen Dienstbehörde in den Dienst einer andern Gesellschaft angenommen würde.

Ein Ereigniss, was folgenschwer für das Unternehmen schien, ging glücklicherweise ohne Nachtheil vorüber. Es war dies der durch Schulden veranlasste heimliche Austritt des Bevollmächtigten Tenner am 20. October 1837, eines Mannes, der bis dahin grosses Vertrauen in Leipzig und auswärts genossen und zu dessen Acquisition als Bevollmächtigter man sich seiner Zeit seiner zweifellosen Befähigung wegen Glück gewünscht hatte. Materieller Verlust erwuchs der Compagnie dadurch nicht. Die Vertretung des Bevollmächtigten übernahm das Directorialmitglied Dufour-Feronce bis zur Neuwahl. Diese fiel im Frühjahr 1838 auf Friedrich Busse aus Braunschweig, der bereits vorher, im September 1837, als Substitut des Bevollmächtigten engagirt worden war, und um die Organisation des Betriebs in der Folge sich die grössten Verdienste erworben hat.

In gleichem Maasse wie der Bau der Bahn fortschritt und die Einzahlungen in steter Folge ausgeschrieben werden mussten, gingen die Actien von ihrem früheren hohen Cours, der Anfang 1837 bis auf $144^{1}/_{2}$ gestiegen war, zurück und man stürmte auf das Directorium ein, diesem Sinken entgegen zu arbeiten. Obwohl dasselbe sich

anfangs nicht entschliessen konnte, dafür irgend ein anderes Mittel
als die rasche Vollendung des Bau's anzuwenden, so ging es doch
schliesslich auf einen desfallsigen Antrag des Gesellschaftsausschusses
ein. Derselbe war auf eine Verzinsung der bisher geleisteten Einzahlungen und Gestattung von Volleinzahlungen gerichtet, indem
man in der für einen bestimmten Termin zu eröffnenden Aussicht
auf Verzinsung der Einzahlungen das passendste Mittel erblickte,
eine grosse Anzahl von Actionairen, und namentlich die unbemit-
telteren, vor noch grösseren Verlusten zu bewahren, als sie bereits
erlitten. Da diese Manipulation eine Aenderung der Statuten invol-
virte und man diese, welche überdem die Genehmigung der Staatsregierung erfordert haben würde, gern vermeiden wollte, so waren
die verschiedenartigsten Vorschläge gemacht worden, unter andern,
Volleinzahlungen gegen verzinsliche Sola-Wechsel der Compagnie
gewissermaassen als Darlehen von den Actionairen anzunehmen
oder einen Theil der Actien gegen Einzahlung der an 100 Thlr. noch
fehlenden Summe auszugeben, da diess dann als eine gute Capital-
Anlage betrachtet werden würde, und dergleichen. Man vereinigte
sich indess über den obgedachten, eine Aenderung der Statuten
involvirenden Antrag, — eine Combination zweier Vorschläge von
Prof. W. Dindorf und L. Gerischer — der insbesondere noch dadurch motivirt wurde, dass die zu verzinsenden Vollzahlungen die
Stelle der ohnediess von dem Directorium aufzunehmenden Anleihen
verträten und es doch besser sei, dass die dafür zu zahlenden Zinsen
den Actionairen zu Gute kämen. Auch hoffte man, dass die durch
die Streckenfahrten zu erzielenden Erträge, wenn nicht die ganzen,
so doch einen Theil der Zinsen decken würden und dass bei
Volleinzahlungen die Rateneinzahlungen zu Gunsten der minder
wohlhabenden Actionaire länger hinausgeschoben werden könnten,
während andererseits Ersparungen am Baucapital zu erwarten waren,
die den etwaigen Ausfall am Capital wieder ausgleichen sollten.
Nach einer heftigen Debatte in der am 10. April 1838 stattfindenden
Vierten Generalversammlung, in welcher namentlich Seiten der

Gegner des Antrags geltend gemacht wurde, dass die Verzinsung eine Selbsttäuschung involvire, die Gesellschaft mit einer unbestimmten Verpflichtung belaste und die Administration beschwere, wurde der Antrag mit 902 Stimmen gegen 372 angenommen. Die Regierung genehmigte jedoch den Beschluss nur bezüglich der Verzinsung der eingezahlten Beträge und versagte demselben die Genehmigung, insoweit er die Zulassung einer beliebigen und gegen Verzinsung zu anticipirenden Vollzahlung der Actien betraf, als einer mehr den Vortheil der reicheren Actieninhaber bezweckenden und zu dem direct den Statuten widerstreitenden Maassregel. Wiederholte und selbst direct an den König gerichtete Vorstellungen dagegen hatten keinen Erfolg, und so wurde die Verzinsung und damit die Ausgabe der Coupons auf die ausgeschriebenen Einzahlungen unter Ausschluss der Volleinzahlungen beschränkt. Die Verzinsung erfolgte mit der 14. Einzahlung vom 1. Juni 1838 ab. Einen wesentlichen Erfolg auf den Stand der Actien scheint diese Maassregel, die allerdings in einem den Intentionen der Antragsteller vollständig entsprechenden Umfange nicht zur Ausführung kam, jedoch nicht gehabt zu haben, denn der Cours schwankte im Jahre 1838 zwischen $100^3/_4$ und $89^3/_4$ %, und im Jahre 1839 zwischen 96 und $86^3/_4$ %. Die während der Bauzeit mit 144,291 Thlr. 6 gGr. bezahlten Zinsen sind erst später nach der Jahresrechnung von 1841 dem Baucapital mit eingerechnet worden, ein Verfahren, das in der Jetztzeit bei jedem Kostenanschlag für eine Eisenbahn zur Anwendung zu kommen pflegt.

Während noch im Herbste 1837 die bisher auf die Strecke von Leipzig bis Althen beschränkten Fahrten bis nach Borsdorf ausgedehnt werden konnten, woselbst Gemeinde und Gerichtsherrschaft gegen die Verlegung der Restauration von Althen dahin protestirten, wurde den ganzen Winter hindurch und trotz der strengen Kälte eifrig an der Bahn fortgearbeitet. In den beiden Monaten Januar und Februar 1838 waren immer gegen 3000 Mann beschäftigt und im März bereits wieder 7215 Mann auf der Bahn in Thätigkeit.

Als Vorstand der Leipziger Maschinenreparatur-Werkstatt wurde Maschinenmeister Kirchweger*, dessen Verdienste um die Einrichtung des Lokomotiv-Departements hier nochmals gern anerkannt werden, engagirt und unter dessen Leitung in Leipzig die neuangekommenen Lokomotiven aufgestellt, während dies in Dresden, wohin 3 Lokomotiven geschafft worden waren, von dem ersten Lokomotivführer Robson besorgt wurde. Die Wagenbau-Anstalt in einem besonderen Gebäude untergebracht, lieferte unter der Leitung von Worsdell und nach dessen Abgang unter Schmidt und Woods die erforderlichen Wagen, von denen die der ersten Classe, 12 an Zahl, damals mit besonderen Namen, wie *Tell, Franklin, Blücher, Kaiser Joseph, Friedrich der Grosse* etc., belegt wurden.

Am 11. Mai 1838 konnte die Bahn bis Machern — 2 Meilen — befahren werden, nachdem mannigfache Differenzen mit den dasigen Grundstücksbesitzern, namentlich auch wegen der Restauration beseitigt waren. Bis zu dieser Zeit, vom 24. April 1838 ab, waren auf der Strecke von Leipzig bis Althen resp. Borsdorf in 1670 Fahrten 204,464 Personen befördert worden. — Der Damm bei Gerichshain und der Machernsche Einschnitt, kostspielige und für jene Zeit schwere Bauten, hatten die Weiterführung so lange aufgehalten.

Die erste Strecke von Dresden aus bis zur Weintraube — 1 Meile — wurde am 19. Juli 1838 eröffnet. Es geschah dies unter grosser Theilnahme Seiten der Dresdner Bevölkerung. Die zugesagte Betheiligung des Königs und des Königlichen Hauses war nur wegen Besuchs des Kaisers von Russland in Pillnitz unterblieben. Mehrere Gedichte feierten das wichtige Ereigniss. Um diese Zeit wurde auch für Dresden ein Geschäftsführer der Compagnie in der Person des bisherigen Vorsitzenden des Eisenbahncomité in Chemnitz, Stephan Benedict Buchler, ernannt.

Die Eröffnung der Fahrten bis zur Station Wurzen, 3,3 Meilen von Leipzig, erfolgte am 31. Juli und bis zur Station Luppa-Dahlen,

---

* Jetzt Maschinendirector in Hannover.

5,8 Meilen, am 16. September 1838, an welch letzterem Tage auch die Strecke bis Oberau, 3 Meilen, von Dresden aus befahren wurde. Nachdem am 3. November 1838 die Bahn bis Zschöllau (Oschatz), 7,0 Meilen von Leipzig, in Betrieb gesetzt war, wurde sie bereits zur Vermittelung für Postsendungen zwischen Leipzig und Dresden benutzt, indem für die Zwischenstrecke zwischen Oschatz und Oberau correspondirende Posten eingerichtet wurden. Vom 16. September 1838 an musste jedoch auch die bedungene Entschädigung an die Post gezahlt werden, die nach vorheriger Remonstration auf 500 Thlr. per Meile der befahrenen Bahnstrecke bis zur Eröffnung der ganzen Bahn ermässigt wurde, was für 1838 die Summe von 1211 Thlr. 15 gGr. 5 Pf. ergab. Am 21. November desselben Jahres wurden die Fahrten bis Riesa, 9 Meilen, ausgedehnt.

Für diese, dem Verkehre eröffneten Bahnstrecken waren die Taxen damals in folgender Weise bestimmt:

I. für Passagiere in   I. Classe 6 gGr. per Meile,

„   „   „ II.   „   4   „   „   „

„   „   „ III.   „   2   „   „   „

bei 40 Pfund Freigepäck und 1 gGr. per Meile für 100 Pfund Uebergewicht.

II. für Thiere per Meile: Hund 1 gGr., Pferd 8 gGr., 1 Stück Rindvieh 7 gGr., ein Schwein 2 gGr., ein Kalb $1^1/_2$ gGr., ein Stück Schaafvieh 1 gGr.

III. für Frachtgüter, in Ballen, Kisten, Fässern, Säcken, Körben, Wildpret, geschlachtetes Vieh 100 Pfund per Meile 1 gGr., in langsamer gehenden Güterfahrten 6 Pf., welch ermässigter Satz auch für Holz und Kohlen in Anwendung kam.

IV. für Equipagen 16, 18 und 24 gGr., je nach der Grösse.

Dieser Tarif zeichnet sich durch Einfachheit aus und ist zwar in den meisten Positionen theurer als jetzt, theilweise aber auch billiger. Anmeldungen wurden wegen der geringen Anzahl der Transportmittel rechtzeitig erbeten. Man hatte jedoch schon damals Veranlassung, gewisse Transporte zu begünstigen, um solche der Bahn zuzuführen, und deshalb insbesondere mit einem Lieferanten böhmischer Kohlen einen Vertrag mit billigeren Sätzen, die jedoch die jetzigen noch lange nicht erreichten, abgeschlossen; beispielsweise wurde demselben für die Strecke Riesa-Leipzig der Satz von 5 gGr. per Tonne $= 2^{1}/_{2}$ Centner bewilligt. Jetzt zahlen böhmische Kohlen auf der ganzen Strecke zwischen Leipzig und Dresden etwa 2 Ngr. per Centner, oder 5 Ngr. per Tonne. Dies erschien aber noch so abnorm und man fürchtete so sehr, dass man mit einem so billigen Frachtsatz nicht auskommen würde, dass der Ausschuss intervenirte und nur nach vorheriger Erläuterung von einem Proteste absah. — Die Züge begleiteten 1 Wagenmeister und mehrere Schaffner. Nur die Sitze in der ersten Classe waren noch numerirt.

Mancherlei Stockungen im Betrieb verursachte das Brennmaterial für die Lokomotiven. Die Heizungs- und sonstigen Einrichtungen der Lokomotiven waren zu jener Zeit noch nicht so beschaffen, dass man Steinkohlen benutzen konnte. Man musste ausschliesslich englische Koke verwenden, die im Allgemeinen beim Verbrennen nur einen sehr geringen Aschenrückstand hinterliessen. Die Zwickauer Koke waren zu theuer und die aus dem Plauenschen Grunde bei Dresden hatten zu viel erdige Bestandtheile. Bei dieser sinterte die Asche in den Feuerräumen zu halbgeschmolzenen zähen Klumpen zusammen, welche die Roste in dem Grade verstopften, dass die Dampferzeugung gänzlich unterbrochen wurde. Loebejüner Kohlen, die auch versucht wurden, zerbröckelten leicht, gingen in kleinen Stücken durch die Kesselrohre und fielen dann glühend in den Raum unter der Esse, wo sie die Leitungsrohre so erhitzten, dass deren Dichtungen litten und der Dampf dieselben oft durchbrach. Man hatte desshalb über Hamburg mit England Verbindungen zum Bezuge englischer Koke angeknüpft. Allein die Transporte erfolgten, abgesehen von der Kostspieligkeit, trotz aller Maassregeln so unregelmässig — da Koke für die alleinige Befrachtung der Schiffe zu leicht — oder wurden wegen Stillstand der Schifffahrt so oft ganz unterbrochen, dass der Bedarf nicht immer gedeckt war. Man richtete deshalb, um sich von England in dieser Beziehung unabhängiger zu machen, Kokebrennereien in Riesa ein und verkokte dort zunächst englische Steinkohlen, deren Bezug gesicherter war. Inzwischen war man in Versuchen, die Kohlen aus dem Plauenschen Grunde verwendbar zu machen, unermüdlich. Man mischte zunächst englische bei; es konnte dies aber nur mit Vorsicht geschehen; man änderte sodann die Roste, allein auch ohne wesentlichen Erfolg. Endlich wurde in Folge der Versuche des Prof. ERDMANN den Uebelständen bei der Verwendung der sächsichen Kohlen dadurch begegnet, dass denselben vor der Verkokung Kalk beigemischt wurde, wodurch die Asche der benutzten Kohlen zur vollkommenen Schmelzung und zum Abtropfen gebracht und zugleich die verderbliche Einwirkung der schwefligen Säure auf das Kupfer verhindert wurde. Bis zu der durch Eröffnung der sächsisch-baierischen Bahn von Zwickau nach Leipzig möglich gewordenen Beziehung der Zwickauer Koke geschah der Betrieb mit solchen aus Kohlen des Plauenschen Grundes gewonnenen Koke, die nur eine öftere Entfernung der halbflüssigen Schlacke erforderlich machten. Der daraus resultirende Gewinn war, abgesehen von anderen Vorzügen, nicht unerheblich, indem sich der Scheffel der sächsischen Koke auf etwa 12 Ngr. gegen 23 Ngr. für die englische Koke stellte.

In der Zeit vor Eröffnung der ganzen Bahn wurden, um die im Betrieb befindlichen Bahnstrecken möglichst auszunutzen, zur Nachtzeit auch Pferdetransporte auf der Bahn eingerichtet, womit namentlich Holz und Kohlen und andere Rohproducte befördert wurden. Ein bei Gelegenheit dieser Transporte auf der Bahn stehen gebliebener Langholzwagen verursachte einen Zusammenstoss, der nicht unerhebliche Beschädigungen im Gefolge hatte. Nach Eröffnung der ganzen Bahn hörten diese Pferdetransporte auf.

Im Winter und Frühjahr 1839 wurden die noch rückständigen Bauten, insbesondere die Elbbrücke, der Viaduct bei Röderau und der Tunnel, sowie der Oberbau auf diesen Strecken beendet, und der Oberingenieur erklärte am 1. April 1839, dass von diesem Tage an die ganze Bahn mit Lokomotiven passirbar sei.

Somit war in dem verhältnissmässig kurzen Zeitraum von 2 Jahren — denn im Jahre 1837 erst war der Bau auf dieser Strecke eigentlich in Angriff genommen worden — die 12 Meilen lange Strecke von Wurzen nach Dresden mit ihren Viaducten, der Elbbrücke und dem Tunnel hergestellt; wahrlich selbst für die jetzige und noch mehr für jene Zeit, mit Rücksicht auf die damals zu Gebote stehenden Hülfsmittel und in Anbetracht der ungünstigen Witterungsverhältnisse, ein schöner Erfolg kräftiger und energischer That!

Um das nicht allein für die Gesellschaft, sowie für Leipzig und Dresden, sondern auch für Sachsen und ganz Deutschland wichtige Ereigniss der Eröffnung der ersten grösseren Eisenbahn in würdiger Weise zu feiern, war für die deshalb zu treffenden Anordnungen bereits im Februar des Jahres eine Deputation aus Mitgliedern des Directoriums und des Gesellschaftsausschusses zusammengetreten. Aus den Berathungen dieser Deputation und nach vorheriger Anfrage beim Königlichen Hofe in Dresden, da der König seine Betheiligung an der Eröffnungsfeier zugesagt hatte, ging das folgende Programm für dieselbe hervor:

§ 1.

„Am 7. April, Nachmittags 1 Uhr, versammeln sich im Bahnhofe zu Leipzig die daselbst zur Eröffnung eingeladenen Personen, der Königliche Commissar, die Mitglieder des Directoriums und Gesellschaftsausschusses, der Oberingenieur und der Bevollmächtigte der Compagnie.

Das mit Fahrbillets versehene Publikum hat freien Zutritt in die durch Aufstellung einer Abtheilung der Communalgarde begrenzten Räume des Bahnhofs.

§ 2.

Nach einer einleitenden feierlichen Musik wird der Königliche Commissar einige auf die Feier bezügliche Worte an die Versammlung richten.

§ 3.

Um $1^1/_2$ Uhr wird das erste, um 2 Uhr das zweite Signal mit der Eisenbahnglocke gegeben, worauf alle Eingeladenen sofort ihre Plätze in den auf den Karten bezeichneten Wagenabtheilungen einzunehmen haben, und es erfolgt unter Kanonensalven die Abfahrt nach Dresden.

§ 4.

In Wurzen, Oschatz, Riesa, Pristewitz und Oberau werden die in der Nähe dieser Ortschaften wohnenden Gäste, welche sich, mit ihren Einladungskarten versehen, vor Ankunft des Zuges auf den betreffenden Bahnhöfen bereit zu halten haben, aufgenommen.

§ 5.

Bei der gegen 6 Uhr erfolgenden Ankunft auf dem Bahnhofe zu Dresden findet eine feierliche Begrüssung der Ankommenden, Seiten des Stadtraths und der Stadtverordneten daselbst, statt.

§ 6.

Am 8. April, früh $7^1/_2$ Uhr, haben sich im dasigen Bahnhofe alle eingeladenen Theilnehmer am Festzuge zu versammeln.

§ 7.

Se. Majestät der König und Ihre Majestät die Königin, sowie die Hohen Mitglieder des Königlichen Hauses werden durch Allerhöchst Ihre Gegenwart das Fest zu verherrlichen geruhen und werden durch das Directorium der Compagnie und die zu diesem Ehrendienst erwählte Deputation empfangen und an die für Allerhöchst Dieselben bestimmten Wagen begleitet.

§ 8.

Bei Ankunft der Allerhöchsten und Höchsten Herrschaften auf dem Bahnhof erfolgt das erste und Punkt 8¹/₂ Uhr das zweite Glockensignal, worauf jeder Eingeladene unverzüglich den auf den Karten bezeichneten Wagenplatz einzunehmen hat; eine Kanonensalve verkündet die Abfahrt.

§ 9.

Besondere Feierlichkeiten auf den verschiedenen Anhaltepunkten können wegen Kürze der Zeit nicht stattfinden.

§ 10.

Nach der Ankunft des Festzuges in Leipzig, welche ebenfalls durch Abfeuerung von Kanonen bezeichnet wird, werden die Allerhöchsten und Höchsten Herrschaften ein *Déjeûner dinatoire* einzunehmen geruhen, welchem die eingeladenen Personen beiwohnen.

§ 11.

Zwischen 2 und 3 Uhr erfolgt unter gleicher Anordnung wie bei der Abfahrt die feierliche Rückfahrt nach Dresden.

§ 12.

Unmittelbar nach den Festzügen gehen von Leipzig und von Dresden Dampfwagenzüge zum Dienste des Publikums mit Plätzen aller 3 Classen ab und es ist hierbei Veranstaltung getroffen, dass alle Züge möglichst gleichzeitig an den Endpunkten eintreffen."

Ausser dem König und dem Königlichen Hause waren an distinguirte Personen Leipzigs und Dresdens, sowie der dazwischen gelegenen, durch die Bahnlinie mittelbar oder unmittelbar berührten Ortschaften, namentlich an die Gemeindevertreter Einladungen ergangen. Von Damen nahmen, ausser den Mitgliedern der Königlichen Familie und des Hofs, die Frauen der Directoren und einiger Ausschuss-Mitglieder an der Festlichkeit Theil. Dieselben hatten als Ehrengeschenk eine kostbare von ihnen gestickte Fahne dargebracht, welche den für die Königliche Familie bestimmten Wagen schmückte. Allen Theilnehmern waren die Plätze in den Wagen angewiesen, auch war genau der Empfang und die Begrüssung des Königs und des Königlichen Hauses durch die Directoren, einige Ausschussmitglieder und deren Frauen vorgeschrieben. Die technischen Dispositionen hatte Oberingenieur Hauptmann Kunz mit grosser Umsicht und Specialität getroffen. Jeder Zug fuhr mit 2 Lokomotiven und hatte 1 Zugskommandanten — Ingenieur-Lieutenant Peters, Ingenieur-Assistent von Römer und Ingenieur-Assistent Eichler — sowie einen Schaffner und das erforderliche Fahrpersonal. Ausserdem waren auf den Hauptstationen Wurzen, Oschatz, Pristewitz und Dresden Reservemaschinen aufgestellt und die Ingenieure auf den verschiedenen Stationen placirt, Dietz in Leipzig, Spiess in Wurzen, Frauenstein* in Oschatz, Sergel** in Riesa, Pöge*** am Grödler-Canal, Wohlbrück in Pristewitz, Rachel† in Oberau, Burghart†† auf der Weintraube, Mohn auf dem Bahnhof Dresden.

Ueber den Verlauf der Festlichkeit selbst, die dabei gehaltenen Reden und die damit verbundene Auszeichnung des Vorsitzenden Harkort und des Oberingenieur Kunz durch Verleihung des Ritterkreuzes des Verdienstordens und dergl. lassen wir den Bericht der Leipziger „Allgemeinen Zeitung" folgen. Derselbe spricht lebhaft die Tagesstimmung aus, die sich insbesondere auch in einem Citat im desfallsigen Bericht des Leipziger Tageblatts ausdrückt:

> „Ihr Thun ging über des Gedanken Kreis;
> Was früher fabelhaft gehalten, schien
> Uns nicht unmöglich jetzt und ward geglaubt."

„Leipzig, 8. April. Mit dem gestrigen Tage hat für Leipzig und für Dresden, hat für Sachsen eine neue Aera begonnen! Die Leipzig-

---

* Jetzt Wasserbauinspector in Leipzig.
** Jetzt Oberingenieur der königlich sächsischen westlichen Staatsbahn.
*** Jetzt Oberingenieur der Compagnie in Dresden.
† Oberingenieur bei der sächsischen östlichen Staatsbahn.
†† Jetzt Eisenbahnbaudirector bei der königlich hannoverschen Staatsbahn.

Dresdner Eisenbahn wurde an diesem Tag eröffnet! Wie segensreich das nun vollendete Werk auf die Interessen zunächst der beiden Städte, auf die Interessen des gesammten Landes, ja Deutschlands darf man wohl sagen, einwirken wird, darüber lassen sich jetzt allerdings nur Vermuthungen aussprechen; wenn aber auch von den gehegten Erwartungen nur die am mässigsten gestellten erfüllt werden, so muss der Einfluss dieser ersten grössern Bahn Deutschlands sich in den kleinsten wie grössten Verhältnissen des Lebens fühlbar machen. Von allem andern aber abgesehen, wird die Vollendung unserer Bahn auch einen grossen moralischen Einfluss auf die bereits in Angriff genommenen und auf die nur noch projectirten gleichartigen Unternehmungen ausüben und dadurch schon allein höchst segensreich auf eine grosse Zahl von jetzt zum Theil noch gefährdeten Interessen derselben zurückwirken. Doch wer möchte, wie gesagt, schon jetzt sagen wollen, was für grosse Erfolge sich an die Eröffnung der Bahn knüpfen; darum beschränken wir uns hiermit auf die Erzählung des lange herbeigesehnten Ereignisses. Wie in dem Festprogramme bestimmt, versammelten sich nach 1 Uhr in dem reich geschmückten Bahnhof, in welchem zwei Compagnien der Communalgarde mit ihren Musikcorps aufgestellt waren, die Mitglieder des Directoriums und der Gesellschaftsausschuss, die zu dieser ersten Fahrt eingeladenen Gäste und die, welche so glücklich gewesen waren, für dieselbe Fahrbillets zu erhalten. Aber schon lange vorher hatten Tausende von Zuschauern die Umgebungen des Bahnhofs umstellt; denn es ist wohl nicht zu viel gesagt, wenn wir behaupten, dass der bei weitem grösste Theil der Bewohner Leipzigs, zu welchem sich noch viele Fremde gesellt, den heutigen Tag als einen aussergewöhnlichen Festtag betrachtete und sich trotz der rauhen Witterung doch nicht hatte abhalten lassen, der Abfahrt des Festzuges als Zuschauer beizuwohnen; von mehrern Häusern wehten Flaggen zum Zeichen der grossen Theilnahme an dem Ereignisse des Tages. — Der erste Wagenzug, in welchem die geladenen Gäste ihre Plätze angewiesen erhalten, bestand aus 14 Wagen zu 24 und aus 2 Wagen

zu 18 Personen; einer der letzteren, für die Königliche Familie bestimmt, war besonders reich mit Kronen und Fahnen geziert, von
welchen letztern die eine, geschmackvoll und prächtig gearbeitet, als
ein sinnreiches Geschenk der Frauen der Directoren, für diesen Ehrentag ihren Gatten dargebracht worden war; die übrigen Wagen erschienen gleichfalls mit Fahnen und Laubgewinden geschmückt. Der
zweite Wagenzug bestand aus 4 Wagen zu 18 und aus 10 Wagen zu
24 Personen, und der dritte Zug aus 2 Wagen zu 18, aus 1 Wagen
zu 24 und aus 13 Wagen zu 36 Personen. Jeder dieser Züge wurde
von 2 Lokomotiven geführt, und dem letzten Zuge folgte noch eine
Reservemaschine. Den Zug eröffnete die schöne Lokomotive „R. Stephenson." Nachdem sich auf dem Bahnhof Alles geordnet und durch
Musik das Fest eingeleitet worden, trat der Herr Kreisdirector
Dr. von Falkenstein, zugleich in seiner Eigenschaft als Königlicher
Commissar bei der Leipzig-Dresdner Eisenbahn, vor und sprach mit
kräftiger Stimme ungefähr folgende Worte: „So ist er denn erschienen
und mit Jubel begrüsst worden, der herrliche Tag, dem Alle mit
Sehnsucht entgegengeharrt, die die Wichtigkeit grosser Ereignisse
aufzufassen im Stande sind; gekommen ist er, der schöne Tag, an
dem jeder Sachse mit edlem Nationalstolz ausrufen kann: „Du, mein
Vaterland! hast die Anforderung der Zeit erkannt, und es ist dir ein
Werk gelungen, das Zeugniss giebt von der geistigen Kraft, von dem
beharrlichen Sinne, von dem rastlosen Vorwärtsstreben deines Volkes"; gekommen ist er, der schöne Tag, an dem wir rasch wie im
Fluge dahin fahren, um Ihn in unsere Mitte zu führen, den edlen
König, damit Er vom Ende bis zum Anfang schaue, was ernster Wille
vermocht; damit Er dem neuen Wege die Weihe gebe, auf welchem
künftig Tausende Ihm entgegen und Tausende von Seiner Nähe be-
glückt in die Heimat zurückeilen werden. Soll ich nun einzeln nennen
alle die trefflichen Früchte, die Leipzig und Dresden, die dem gesammten Vaterland auf diesem schmalen und doch so ergiebigen
Striche Landes entgegenreifen werden? Soll ich schildern, wie Handel
und Gewerbe, wie alle Klassen der bürgerlichen Gesellschaft, bewusst

und unbewusst, mittelbar oder unmittelbar neuen Aufschwung gewinnen werden? Soll ich anführen, wie das, was noch vor wenig
Jahren als eitle Träumerei nur galt, zur Wirklichkeit gediehen; und
ausführen, welche Hoffnungen daran für die sich knüpfen, deren
materielle Interessen in mehr oder minder enger Verbindung mit dem
vollendeten Riesenwerke stehen? Aufzuzählen vermag ich nicht jene
Vortheile, diese Hoffnungen; und wenn ich's vermöchte, thät' ich's an
diesem Tage nicht. Denn nicht die Begier nach Gewinn, nicht eitle
Schaulust oder gemeine Neugier — nicht das ist's, was diese Versammlung hierherführt und mit Begeisterung durchdringt: nein! es
ist ein höheres Gefühl, ein Gefühl, das in der Brust eines Jeden am
heutigen Tage sich regt, das den Armen wie den Reichen, den Hohen
wie den Geringen belebt; das Gefühl: es ist ein grosses Werk vollendet, das dem Vaterlande zur Ehre gereicht, ein Nationalwerk, das
das geistige und physische Wohl der Nation fördert. Und dieses
Gefühl, wen sollte es nicht erheben und begeistern zu dem innigsten
Dank? zum Dank gegen den Höchsten, der das Werk und Die, die
daran gearbeitet, bisher in seinen Schutz genommen hat und ferner
schützen wird; zum Dank gegen den geliebten König, dessen wachen-
des Auge überall schafft und wirkt und hilft, wo es gilt, das Wohl
des Volkes zu fördern, den darum das Kind wie der Greis, der Reiche
wie der Arme liebt und ehrt; zum Dank, zum lebhaftesten Dank
gegen den trefflichen Verein, der, Gustav Harkort an der Spitze,
Jahre lang mit unablässiger Sorge, mit geistiger und körperlicher
Anstrengung und mit einer Selbstverleugnung, die volle Anerkennung
verdient und findet, lebendig die grosse Idee aufgefasst und mit
Beharrlichkeit und Umsicht in's Leben gerufen hat; zum Dank gegen
die sachkundigen Männer und gegen die Arbeiter, die von dem Talent
und der Kraft der Handlung geführt, rastlos bemüht gewesen
sind, rasch und tüchtig den stolzen Bau zu vollenden; zum Dank
endlich gegen das gesammte sächsische Volk, das mit richtigem
Blick die Wichtigkeit des Unternehmens begriff und es förderte, wo
und wie es konnte. Ja! wohl uns, die wir das heutige Vaterlandsfest

begehen können; wohl den beiden, nun durch eiserne Bande aneinander geketteten Glanzpunkten des Landes, den Städten Leipzig und
Dresden, aus deren Mitte die Männer hervorgingen, denen der heutige
Tag ein Ehrentag ist, die die Jetztwelt ehrt und die die späte Nachwelt noch als Begründer und Erbauer des grossen Werkes mit
gerechtem Stolze bezeichnen wird. Ja! der Mitwelt wie der Nachwelt
gehört das schöne Werk. Möge der Höchste es schützen und gedeihen
lassen, damit das gesammte Vaterland fort und fort mit freudigem
Blick auf den Tag zurückschauen könne, der ein Werk begrüsste,
das erbaut ist zum Wohl und zur Ehre des sächsischen Volkes!"
Hierauf trat der eigens zu diesem Feste von Dresden hier eingetroffene
Minister des Innern, von Nostitz Jänckendorf, auf und äusserte in
einer kurzen Anrede, wie die Staatsregierung, die vom Anfang an
das Unternehmen durch wichtige Privilegien und Bewilligungen zu
schützen und zu fördern stets bereit gewesen, sich nun des erreichten
Zieles erfreue, und wie dieselbe lebhaft wünsche und fest erwarte,
dass alle davon gehegten Erwartungen erfüllt werden möchten. Se.
Majestät der König, in gerechter Anerkenntniss des um das Werk so
hochverdienten Directoriums, habe dessen Vorstand, Herrn Gustav
Harkort, und den den Bau der Bahn leitenden Wasserbaudirector
und Hauptmann Kunz zu Rittern seines Civilverdienstordens ernannt.
Mit diesen Worten überreichte der Minister den beiden Genannten
die Insignien des Ordens wie die Decrete und Statuten desselben,
und nun erscholl ein tausendfältiges Hoch dem Könige, der so Verdienste zu lohnen weiss, worauf auch die Herren Gustav Harkort
und Hauptmann Kunz sowie alle Directoren durch wiederholten
Vivatruf gefeiert wurden. Es sind schon viele Orden ertheilt worden,
wenige aber auf eine für den Spendenden wie für den Empfangenden
gleich anerkennende wie hochehrende Weise, was auch allgemein sich
durch eine tiefe freudige Rührung aller Umstehenden aussprach.
Nachdem nun Alle ihre Plätze eingenommen und noch ein auf dem
Bahnhof vertheiltes Lied gesungen worden war, setzten sich unter
dem lauten Schalle der Musik, dem Abfeuern der Böller und dem

tausendstimmigen Vivat der Menge der erste, kurze Zeit darauf der zweite und dann der dritte Zug mit ungewöhnlicher Schnelligkeit in Bewegung, und in der That gewährte die lange Reihe von überfüllten Wagen mit ihren dampfenden und schnaubenden Lokomotiven einen grossartigen Anblick, welcher bis weit über die Grénzen der gewöhnlichen Spaziergänge der Stadt hinaus den zahllos an beiden Seiten der Bahn versammelten Zuschauern den freudigsten Zuruf entlockte, der nicht minder lebhaft von den Fahrenden erwiedert wurde. Der Gerichshainer Damm, dessen Vollendung so grossen Aufenthalt verursacht, und der Durchstich bei Machern, welcher gleichfalls die Vollführung des Werkes lange verzögert hatte, wurden pfeilschnell durchflogen und der Festzug bei seinem Eintreffen in Wurzen mit lautem Jubel begrüsst, worauf nach kurzem Aufenthalt und Aufnahme der sich daselbst wie an den andern angewiesenen Stationsplätzen einfindenden Gäste es ohne Aufenthalt bis Oschatz ging, wo abermals Wasser eingenommen wurde, und von da bis Riesa. Während man die schöne Elbbrücke passirte, wurde zuerst dem Könige, dann dem Erbauer derselben, dem Landbaumeister Königsdörffer, ein lautes Vivat gebracht; schnell eilte nun der Zug über den nicht weniger bewundernswerthen Viaduct vor Röderau nach der Station Pristewitz, wo die Vorsteher der Stadtverordneten von Grossenhain die Herren Directoren durch eine Anrede begrüssten; auch war hier die Communalgarde aufgestellt, und die von allen Seiten der Umgegend herbeigeeilte Bevölkerung empfing den Zug mit Musik und lautem Jubel. Von hier eilte man dem Tunnel zu, diesem Riesenwerke, bei dessen Anblicke man kaum zu begreifen vermag, auf welche Weise dasselbe in verhältnissmässig so kurzer Zeit hat vollendet werden können. Der Tunnel war festlich erleuchtet; die Bergleute, mit Grubenlichtern und Fackeln darin aufgestellt, begrüssten mit bergmännischem Glückauf die Ankommenden, sowie ihnen ein ebenso lautes und sich nicht endigen wollendes Hoch und Vivat dankte. Von Oberau ging es nun, fortwährend von lauten Begrüssungen der selbst bis hierher den Zügen entgegengekommenen Einwohner

Dresdens und der nahen Stadt Meissen bewillkommnet, bis zur Weintraube; hier sammelten sich die Züge, und da an einer der Lokomotiven des zweiten Zuges eine Röhre leck geworden war und deshalb die Reservelokomotive „Komet" einzutreten hatte, so musste hier der erste Zug etwa eine Stunde warten, welche Zeit aber durch die vielen auf dieser Station versammelten Gäste und die allgemein gezeigte Theilnahme an dem gelungenen Werke rasch verfloss; als die letzten Züge eingetroffen, ging es im schnellsten Laufe dem Ziele der Fahrt entgegen. Nachdem so der Weg von hier bis Dresden in 3 Stunden 40 Minuten, wobei 1 Stunde 32 Minuten Aufenthalt, zurückgelegt, wurden die Herren Directoren auf dem Bahnhofe von dem Herrn Bürgermeister der Residenz an der Spitze der städtischen Corporationen und der Stadtverordneten durch eine herzliche und gewiss für beide Theile gleich ehrenhafte und die Verdienste der Einzelnen anerkennende Weise bewillkommnet, indem darin die Hoffnung und der Wunsch ausgesprochen wurde, dass durch das nun vollendete Werk beide Städte sich in jeder Hinsicht noch näher gebracht werden möchten, als sie es schon durch so viele Verhältnisse an und für sich seien. Herr HARKORT antwortete, von den Ereignissen des Tages, wie er äusserte, zu sehr bewegt, mit einigen, gleiche Wünsche und Hoffnungen ausdrückenden Worten, und es wogte nun die ganze Masse in einem nur langsam sich entwirrenden Gedränge der Stadt zu*. Die Feier dieses jedem Sachsen gewiss unvergesslichen Tages schloss mit einem Souper, welches in den reich mit Blumen überaus geschmackvoll decorirten Sälen der Harmonie arrangirt war, an welchem ausser mehreren der Herren Minister und den Behörden der Stadt eine grosse Anzahl von Gästen und auch Damen Theil nahmen. Auch bei dieser Gelegenheit wurde abermals durch viele herzliche, das Werk und die Verdienste der Erbauer und Beförderer desselben anerkennende Toaste die allgemeine Zufriedenheit über das Vollendete laut ausge-

---

* Eine Deputation des Directorium meldete dem Könige die Ankunft des Zugs und die Fahrbarkeit der ganzen Bahn von Leipzig bis Dresden.

sprochen, und der erste Tag des Festes auf eine um so erhebendere und schönere Weise geendigt, als nicht der mindeste Unfall die Feier desselben gestört hatte; ja selbst der von Zeit zu Zeit fallende Schnee hatte die heitere Stimmung der auf den unbedeckten Wagen Mitfahrenden nicht zu trüben vermocht. — Diesen Morgen* um 8 Uhr versammelten sich auf dem Bahnhofe zu Dresden, der ebenfalls festlich geschmückt war, die von hier mitgekommenen und die dort hinzukommenden Gäste wieder; noch vor 9 Uhr erschienen der König, die Königin, der Prinz Johann nebst seiner Frau Gemahlin und vier seiner Kinder, die von den Herren Directoren und deren Frauen empfangen und zu den für sie bestimmten Wagen geleitet wurden, worauf sich die Züge in derselben Folge wie gestern, kurz nach 9 Uhr in Bewegung setzten. Der Zuschauer waren unzählige, und mit wo möglich noch lebhafterem Jubel als gestern wurde der Zug auf allen Punkten unterwegs begrüsst; auf allen Stationen ward heute derselbe mit Musik und Böllerschüssen empfangen und namentlich erhallte der abermals erleuchtete Tunnel von donnernden, dem König und der Königlichen Familie gebrachten Lebehochs wieder. Vor Wurzen hatte sich der Geistliche eines Dorfes an der Spitze der Dorfschüler, welche alle Fahnen und Kränze trugen, aufgestellt, um dem Könige auf diese Weise die Huldigungen der Einwohner darzubringen. Abermals ohne allen Unfall kam der Zug kurz nach 12 Uhr auf den hiesigen Bahnhof zurück, von wo sich die Hohen Herrschaften und die geladenen Gäste zu einem im Schützenhause veranstaltenden Déjeûner dinatoire begaben.

Bald nachdem der König und die übrigen Hohen Gäste dort eingetreten, wurde nach mehreren Präsentationen das Zeichen zur Tafel gegeben, und in dem äusserst geschmackvoll decorirten Saale, wobei auch die Eisenbahnfahne prangte, nahmen nun ohne weitere Förmlichkeiten Die, welche an dem Festzug als Gäste Theil genommen, Platz. Herr Harkort brachte das Wohl des Königs mit ungefähr

* d. h. am 8. April 1839.

folgenden Worten aus: „Wir feiern heute einen Tag, den in den Annalen unsers Vaterlandes ein grosser Fortschritt unvergänglich bezeichnet; ein Fortschritt, dessen hohe Wichtigkeit, vor Kurzem noch kaum geahnet, die nächste Zukunft auch dem befangensten Auge mehr und mehr entfalten wird. Ist diese Feier schon an und für sich eine erhebende, so gewinnt sie doch eine noch weit höhere Bedeutung und Weihe durch die Gegenwart des allgeliebten Königspaares und der verehrten Glieder des hohen Königshauses, unter denen wir mit froher Rührung „die Hoffnung zukünftiger Tage" begrüssen. Mit der Freude über das vollendete Werk vereint sich die Dankbarkeit, für den aus wahrhaft königlichem Wohlwollen ihm gewährten Schutz — mit der Dankbarkeit die höchste innigste Verehrung und Liebe. Und aus diesen Gefühlen entspringt überall und bei einem ganzen Volke der tausend-tausendstimmige Wunsch, dem ich nur einen schwachen Ausdruck zu geben vermag: Hoch lebe Se. Majestät der König, hoch Ihre Majestät die Königin und das ganze Königshaus!" Mit dem lebhaftesten Enthusiasmus wurde dieser Toast aufgenommen, der wo möglich noch stärker sich aussprach, als bald darauf der König selbst auf das Gedeihen des neu vollendeten grossen Unternehmens und auf das Wohl der Begründer und Beförderer desselben einen Toast ausbrachte. Bald nach aufgehobener Tafel wurde nun gegen halb 4 Uhr die Rückfahrt nach Dresden angetreten und ohne weitern Aufenthalt, ausser in Pristewitz, wo der König von den städtischen Behörden von Grossenhain bewillkommnet wurde, und noch oft durch Vivats begrüsst, fortgesetzt, so dass der Zug halb 8 Uhr wieder unter lautem Jubel und Kanonendonner dort ankam. Der König und die Königin sowie alle Glieder des Königlichen Hauses drückten hier nochmals den sie zurückbegleitenden zwei Herren Directoren ihre vollkommene Zufriedenheit aus, indem die Königin hinzufügte, wie dieser Tag ihnen Allen lange in angenehmer Erinnerung bleiben würde; und so schloss diese nie wiederkehrende, durch keinen Unfall irgend einer Art getrübte und zu einem wahren grossartigen Volksfeste gewordene Feierlichkeit, die gewiss alle Theilnehmenden über die davon gehegte Erwartung befriedigt hat. Möge nun nach allen Seiten hin die Eisenbahn die von ihr gehegten Erwartungen zu erfüllen nach und nach beginnen! — Noch nachträglich haben wir zu berichten, wie den Wagenzügen bei ihrer Ankunft auf dem Bahnhofe zu Leipzig zu Aller Ueberraschung eine Lokomotive mit ihrem Tender nacheilte, die sich noch steigerte, als man sah, dass es die von ihrem Erbauer, dem Herrn Professor Schubert, geführte Lokomotive Saxonia aus der Uebigauer Maschinenwerkstatt war, die sich so ihre Ebenbürtigkeit unter den Lokomotiven errungen, was der Anstalt, aus der sie hervorgegangen, sowie der sächsischen Industrie im Allgemeinen gewiss zur grössten Ehre gereicht."

Es mag dem noch hinzugefügt werden, dass das Souper in Dresden auf Kosten der Gemeinde gegeben und dass aus Staatsmitteln zu den Festkosten überhaupt ein Beitrag von 1000 Thlr. C.-M. = 1027 Thlr. 18 Ngr. 8 Pf. Courant bewilligt wurde.

Das Ereigniss selbst wurde mannigfach, namentlich auch in poëtischen Ergüssen und selbst durch eine Festcomposition gefeiert. Der Stadtrath und die Stadtverordneten Leipzigs, wie auch einige Private liessen an das Directorium besondere Beglückwünschungsschreiben zur Vollendung des wichtigen Werkes ergehen. Das Directorium selbst sprach in einem besondern Schreiben an den Hauptmann Kunz seine Freude und dankbare Anerkennung über das glückliche Gelingen des von ihm geleiteten Bau's aus.

Der regelmässige Betrieb zwischen Leipzig und Dresden wurde mit dem 9. April 1839 eröffnet, und es galt nun, die daraus sich entwickelnden neuen Verhältnisse zu regeln. Indem dies der folgenden Periode angehört, werfen wir noch einen kurzen Blick auf die Organisation der Gesellschaft, die Administration und die damalige Beschaffenheit der Bahn und ihrer Betriebsmittel.

An der Spitze der Compagnie und der Verwaltung steht das **Directorium** aus fünf Mitgliedern und ebensoviel Stellvertretern, auf je 5 Jahre vom Gesellschaftsausschuss gewählt, mit der Verpflichtung, für die Amtsdauer 10 Actien der Compagnie bei der Hauptkasse zu deponiren. Der Sitz des Directorium ist in Leipzig; es wählt aus seiner Mitte alljährlich am 1. Juni einen Vorsitzenden und einen Stellvertreter desselben. Die stellvertretenden Mitglieder des Directoriums üben, wenn sie nicht für den Fall zeitiger Behinderung der ordentlichen Mitglieder einberufen sind, kein Stimmrecht, sind aber berechtigt, allen regelmässigen Sitzungen beizuwohnen. Die zuerst gewählten ordentlichen und stellvertretenden Mitglieder sind oben genannt worden. Bis zur Eröffnung der Bahn im Jahre 1839 waren darin folgende Veränderungen vorgegangen: An Stelle Richter's wurde im Jahre 1836 der Consul der schweizerischen Eidgenossenschaft, C. Hirzel-Lampe, als stellvertretendes Mitglied des Directorium und im Jahre 1837 an Stelle Sellier's, der ausschied, in gleicher Eigenschaft C. W. Morgenstern vom Ausschuss gewählt. Stadtrath Dr. Vollsack sah sich, in Folge seiner amtlichen Stellung als Mitglied des Magistrats von Leipzig, Ende 1837 veranlasst, aus dem Directorium auszutreten. An seine Stelle trat durch Wahl des Ausschusses Adv. Wilhelm Einert. Im Vorsitz und dessen Stellvertretung war kein Wechsel eingetreten und die jährliche Wahl auf Gustav Harkort als Vorsitzenden und Dr. Crusius als Stellvertreter gefallen. — Nach den Statuten §. 48 sollten die Directoren für die Zeit des Bau's eine von dem Ausschusse bestimmte Vergütung und nach Vollendung eine ebenmässig zu fixirende Tantième von dem Reingewinne erhalten. Dafür wurde später, nach Beschluss der Generalversammlung vom 30. März 1842, ein vom Ausschuss zu bestimmender jährlicher Gehalt gewährt.

Als Organ des Directorium, wie als oberster Beamte fungirt der von demselben gewählte **Bevollmächtigte**. Er hat im Verein mit dem Vorsitzenden, beziehentlich dessen Stellvertreter oder einem andern Directorialmitglied alle für die Compagnie verbindlichen Schriften zu zeichnen und erhält einen festen Gehalt, sowie einen vom Directorium unter Zustimmung des Ausschusses festzusetzenden Antheil an dem jährlichen Reingewinn. Wie bereits oben gedacht, war

an des ausgetretenen Kramermeisters Tenner Stelle seit Anfang 1838
Friedrich Busse getreten.

Die Vertretung der Compagnie im Verhältniss zum Directorium
liegt dem **Ausschusse** ob. Derselbe besteht aus 30 Actionairen, zu zwei
Dritttheilen durch die Generalversammlung der Actionaire, zu einem
Dritttheil durch Cooptation für je 5 Jahre gewählt. In dieser Stellung
hat der Ausschuss eine wesentlich controlirende Aufgabe, daneben
aber noch das Recht der Beschlussfassung in den, in den Statuten
ausdrücklich hervorgehobenen Fällen. Der Vorsitz im Ausschuss
wechselte seit der Constituirung der Gesellschaft bis zur Eröffnung
der Bahn zwischen August Olearius und Friedrich Brockhaus.

Die **Generalversammlung** der Actionaire, welche alljährlich
spätestens drei Monate nach Ablauf des Rechnungsjahres d. h. des
Kalenderjahrs stattfinden soll, hat über den Geschäftsbericht des
Directorium, die Jahresrechnungen, die Wahl von Zweidritteln der
Ausschussmitglieder, Aenderung der Statuten und sonstige ihr vor-
gelegte Anträge Beschluss zu fassen.

Das Actiencapital betrug $4^1/_2$ Millionen Thaler, ausschliesslich
der 500,000 Thlr. in Cassenscheinen. Anleihen waren bei Eröffnung
der Bahn noch nicht aufgenommen. Am 31. December 1838 schloss die
Bilance mit 4,815,663 Thlr. 16 gGr. ab, am 31. December 1839 mit
6,064,995 Thlr. 13 gGr. 11 Pf., wovon 5,055,798 Thlr. 13 gGr. 8 Pf. auf
die Bahnanlage incl. 124,792 Thlr. 1 gGr. 8 Pf. für die Magdeburger
Zweigbahn verwendet worden waren. Am 31. December 1842, wo
auch die Anlage des zweiten Gleises und die Magdeburger Zweigbahn beendet war, beliefen sich die auf den Bahnbau, die Gebäude
und die Transportmittel, sowie die Verzinsung während der Bauzeit
verwendeten Summen auf 6,216,665 Thlr. 16 gGr. 3 Pf.

Das Verhältniss zur Regierung war durch das Decret vom
6. Mai 1835 in den bereits wesentlich hervorgehobenen Punkten
geregelt. Ausdrücklich ist noch in §. 68 der Statuten hervorgehoben,
dass die Staatsregierung der Compagnie ihren besonderen Schutz
gewähre und zur Wahrnehmung der öffentlichen Interessen einem

ihrer Beamten fortwährenden Auftrag in den Eisenbahnangelegenheiten und insbesondere auch zu allen Verhandlungen zwischen der Regierung und der Compagnie ertheilen werde.

Die Compagnie hat das Glück gehabt, in den Königlichen Commissarien stets eifrige Beförderer ihrer Interessen und geneigte Vermittler zu finden. Dem Eisenbahn-Comité hatte Hof- und Justizrath von Langenn in förderlichster Weise zur Seite gestanden. Ihm folgte der Kreisdirector Dr. von Falkenstein, dessen Bemühungen und Theilnahme an dem Gedeihen des Unternehmens fort und fort die lauteste Anerkennung verdient. Er wohnte in wichtigen Fragen den Conferenzen persönlich bei und seine Ansichten und Rathschläge wurden stets in der eingehendsten Weise gegeben. —

Etatmässige Beamte, auser dem Bevollmächtigten in Leipzig und dem Geschäftsführer in Dresden, waren bis zur Eröffnung der Bahn nur wenige angestellt. Es waren dies ausser den obgenannten technischen Beamten, von denen die meisten einige Zeit nach Beendigung des Bau's austraten, namentlich der Buchhalter Heinecken, der Zahlmeister, jetzt Hauptcassirer Schneider, der Cassirer Nabbat und C. A. Gessler, der jetzige Bevollmächtigte der Compagnie, damals Concipient, der mit Interesse und Eifer für die Sache in allen Zweigen der Administration thätig war. Der für Ende 1839 aufgestellte Etat ergab bereits die Summe von 62,572 Thlr. Die Bahn von Leipzig ausgehend berührte namentlich folgende Ortschaften:

Volkmarsdorf — Neuschönefeld entstand erst nach Anlegung der Bahn — Sellerhausen, Paunsdorf, Sommerfeld, Borsdorf, Gerichshain, Posthausen, Machern, Altenbach, Bennewitz, **Wurzen**, Roitzsch, Kühren, Radegast, Gross-Böhla, Merkwitz, Zschöllau (**Oschatz**), Mannschatz, Schmorkau, Bornitz, Wadewitz, Kanitz, Merzdorf, Gröba (**Riesa**), Röderau, Zeithain, Langenberg, Zchaiten, Medessen, **Pristewitz**, Baslitz, Jessen, Oberau, Niederau, Weinböhla, Coswig, Zitzschewig, Naundorf, Kötzschenbroda, Radebeul, Trachau, Pieschen, Neudorf und mündet in **Neustadt-Dresden** aus.

Die Bahn ist 202,947 Ellen = 12²/₃ sächsische Polizei-Meilen oder 15¹/₂ geographische Meilen, welches Maass nun angenommen wurde, lang. Davon sind wie aus dem anliegenden Plan weiter ersichtlich 64,444 Ellen horizontal, 72,580 Ellen steigend, 65,923 Ellen fallend mit einem Maximum von 1 in 200, ferner 3173 Ellen freie Brücke und zwar:

die Pardaubrücke bei Borsdorf mit . . . 25 Ellen Axenlänge,
die Muldenbrücke bei Wurzen mit . . . . 677 „ „
der Döllnitz-Viaduct bei Zschöllau, welcher einige Jahre darauf ausgefüllt wurde, mit . . . . 717 „ „
die Elbbrücke bei Riesa mit . . . . 604 „ „
der Röderauer Viaduct auf 64 Pfeilern mit 1150 „ „

Summa 3173 Ellen Axenlänge.

27,198 Ellen Planie im Niveau,
116,207 Ellen Dämme von 1 Elle bis 19¹/₅ Ellen Höhe,
56,369 Ellen Einschnitte von 1 Elle bis 28¹/₁₀ Elle Tiefe.

Der Bahnhof in Leipzig liegt 1,33 Ellen unter, der Bahnhof in Dresden 12,56 Ellen über dem Nullpunkt am Dresdner Elbpegel. Der höchste Punkt der Bahn, 84,42 Ellen über dem gedachten Nullpunkt, befindet sich bei Kühren, der niedrigste zwischen Röderau und Langenberg, 14,96 Ellen unter diesem Nullpunkt.

Der Oberbau der Bahn, bei der Eröffnung noch eingleisig, ist oben beschrieben. Das amerikanische Holzbausystem, das zum grossen Theil auf der Strecke zwischen Leipzig und Wurzen angewandt war, erwies sich jedoch bald als unzureichend, sehr kostspielig in der Unterhaltung und auch sonst als unpraktisch.

Die Bahn kreuzt sich auf 11 Punkten mit Staatschausséen, wovon 4 im Niveau, 1 über und 6 unter der Bahn liegen, und durchschneidet 167 Communications-, Vicinal- und Feldwege. Das Hauptbauwerk, „der Tunnel", hat inclusive der Façadenmauerstücke und deren Anschluss an das innere Gewölbe eine Länge von 904 Ellen;

die grösste lichte Höhe beträgt 10 Ellen 20 Zoll, das darüber liegende
Gebirge in seiner grössten Höhe etwa noch 28 Ellen, die lichte Weite
auf der Sohle 12 Ellen und 4 Ellen über der Sohle 13 Ellen 4 Zoll;
die Masse der Ausmauerung enthält excl. der Façaden 49,000 Cubik-
ellen, welche eine Mauer- und Wölbungsfläche von 28,000 ☐ Ellen
darbieten, wozu 12,700 Stück Quadern von 1 Elle im Quadrat und
$1^{1}/_{3}$—2 Ellen lang, sowie 2350 Schock zwölfzollige Grundstücke verwendet worden sind. Die Baukosten waren zu 300,000 Thlr. veranschlagt, aufgewendet wurden 347,828 Thlr. 12 Gr. 8 Pf.

Der Wagenpark bestand aus 16 vier- und sechsrädrigen Lokomotiven, wozu bereits noch 4 weitere bestellt waren, aus 14 Wagen
I. Classe, 26 Wagen II. Classe, 47 Wagen III. Classe und 47 Transportwagen. Ende 1839 waren bereits vorhanden ausser den gedachten
Wagen I. Classe, 32 Wagen II. Classe, 58 Wagen III. Classe, 2 Post-
wagen und 129 diverse Transportwagen. Die Wagen III. Classe
waren damals ganz offen, die II. Classe zwar mit Bedachung, allein
an den Seiten nur mit Leinwand, zum Auf- und Zuziehen eingerichtet, versehen, während die Wagen I. Classe so wie jetzt, jedoch
nicht in so splendider und bequemer Weise, gebaut waren. Eine
Anzahl derselben, in Wagen III. Classe umgewandelt, ist noch jetzt
in Gebrauch.

Bezüglich der **Gebäude** auf der Bahn ging man von dem Grund-
satze aus, dass es für die richtige, dem Verkehr und den Admini-
strationszwecken entsprechende Anlage der Lokale unerlässlich sei,
sich durch die Praxis und die zu machenden Erfahrungen leiten zu
lassen und die Räume nach dem entwickelten Bedürfniss einzu-
richten. Deshalb baute man in der Regel nur provisorische Betriebs-
gebäude. Dieser Grundsatz hat dazu geführt, dass die Leipzig-
Dresdner Eisenbahn von Anfang an und eine Reihe von Jahren
hindurch, zum Theil auch jetzt noch, sich nicht gerade durch architectonische Kunstwerke auszeichnet, während sie, wenn sie einmal
zu grösseren Bauten verschritten ist, aus den gemachten Erfahrungen und den entwickelten Verhältnissen Anhalt für das Zweck-

mässige fand und bedeutende Kosten für Experimentiren nicht zu opfern brauchte.

Die hauptsächlichsten baulichen Anlagen in Leipzig waren die jetzt noch stehende, aber nunmehr bald zum Abbruch gelangende Personenhalle mit den beiden kleinen Häuschen an der Strasse, dem Portier- und dem Einnehmerhaus. An den Langseiten der Halle waren jedoch die Lokalitäten in der jetzigen Ausdehnung noch nicht angebaut. Diess geschah erst einige Jahre später und nach und nach, wie es das unumgänglichste Bedürfniss erforderte, namentlich auch um Räumlichkeiten für die Verwaltung zu beschaffen, die bis nach Eröffnung der Bahn in einem dazu ermietheten Lokal in der Stadt ihren Sitz hatte. Rechts und links befanden sich leicht gebaute Güterspeicher, wovon die jetzigen Eilgut- und Gepäckexpeditionsräume noch Zeugniss ablegen, von je 40 Ellen Länge, die jedoch bald durch Anbauten vergrössert werden mussten. Ausserdem war ein Gebäude für die Wagenbau-Anstalt und die Schmiedewerkstatt, sowie für die Maschinenreparaturwerkstätte erbaut, zur Zeit alle nicht mehr vorhanden.

In Wurzen war anfangs das frühere Werkplatzhaus als Expeditionsraum benutzt und dann ein neues Stationsgebäude rechts der Bahn, während sich das jetzige links derselben befindet, gebaut worden.

Im Bahnhof Dahlen, auf Antrag des Oberpostamts Luppa-Dahlen genannt, wurden die Gebäude des dortigen Gasthofs benutzt und daneben nur einige Lokalitäten für Unterbringung einer Lokomotive und mehrerer Wagen, sowie für Frachtgüter erbaut. In Oschatz, das damals als Hauptstation zwischen Leipzig und Dresden angesehen wurde und wo in der Regel Maschinenwechsel erfolgte, war das jetzige Stationsgebäude aufgeführt.

In Riesa befanden sich zur Zeit der Eröffnung der Bahn nur die nothwendigsten Lokalitäten. Gebaut wurden dann ein Einnahmehaus für die Expeditionen, eine Passagierstube und ein Gebäude für Lokomotiven; daneben waren noch, nach Art der in Wales gebräuchlichen, 12 Koköfen errichtet, in denen wöchentlich bis zu 2000 Schffl. Koke gebrannt werden konnten.

Auf dem Bahnhofe Pristewitz waren auser einem von der Stadt Grossenhain erbauten Gasthaus das frühere Werkhaus zum Einnahmehaus und zur Wagenstätte, sowie einige andere Räumlichkeiten erbaut. In Oberau, zu jener Zeit Anhaltepunkt, wurden die dortigen Werkhäuser zum Einnahme- und Waarenhause eingerichtet. In Dresden waren die beiden noch stehenden massiven Häuser, die Expeditions- und Restaurationsgebäude mit Wohnungen durch je einen Bogengang mit der Personenhalle verbunden, sowie ein Maschinenhaus und 2 Güterspeicher, in leichter Construction von je 40 Ellen Länge, erbaut.

Alle diese Bauten ohne Luxus und architectonische Zierden. Anhaltepunkte gab es anfangs nicht und nur bei Kötschenbroda und Machern wurde an gewissen Tagen der Woche gehalten.

Bis zur Eröffnung der Bahn hatten die Streckenfahrten im Ganzen 565,766 Personen benutzt und die Einnahmen daraus eine Summe von 118,106 Thlr. 17 gGr. ergeben, welche jedoch zum grossen Theil durch die Betriebskosten absorbirt wurden.

III.

Der Betrieb der Bahn wurde am 9. April 1839 gleichzeitig für den Personen- wie den Gütertransport eröffnet, eine Maassregel, welche bei der Neuheit der Sache für nicht unbedenklich erachtet worden war. Es galt nun, die Taxen und sonstige Bestimmungen für die Transporte festzusetzen, den Betrieb und die Verwaltung zu regeln. In letzterer Beziehung wurde ein Organisationsplan entworfen, der, alle Zweige der Verwaltung umfassend, die Functionen der einzelnen Beamten bestimmte und die verschiedenen Departements sonderte. Derselbe wurde von dem Ausschuss im Wesentlichen genehmigt und im Allgemeinen zu Grunde gelegt. Man unterschied darnach das Departement des Bahnbau's und der Unterhaltung der baulichen Anlagen einerseits, und den Betrieb sowie die damit zusammenhängenden Geschäftszweige andererseits. Als allgemeine Grundsätze waren hingestellt die Verantwortlichkeit der Angestellten gegenüber ihren nächsten Vorgesetzten und aller gegenüber dem Directorium, die Kündbarkeit aller Beamten und deren Verpflichtung zum Beitritt zu dem zu bildenden Pensions- und Unterstützungsfond, die Ertheilung specieller Instructionen und die Disciplinargewalt. Die Hauptverwaltung führt in höchster Instanz das Directorium, in technischer Beziehung steht diesem der Oberingenieur zur Seite. Als solcher wurde der Hauptmann Kunz, der übrigens in seiner Stellung als Staatsbeamter verblieb, mit einem jährlichen Gehalte von 1000 Thlr. und einem jährlichen Aequivalent von 250 Thlr. für Reiseaufwand, beibehalten. Von ihm sollte alljährlich ein technischer Bericht verfasst und dem Geschäftsbericht beigegeben werden. Die Stellung des Bevollmächtigten, dessen Functionen für Dresden ein Geschäftsführer daselbst ausüben sollte, war durch die Statuten gegeben. Für die Buchhaltung und die Casse, sowie das Auszahlungsgeschäft auf den auswärtigen Bahnhöfen und Werkplätzen und die Controle wurden besondere Beamte angenommen. Für die Instandsetzung und Unterhaltung der Bahn und dergleichen waren drei Bahningenieure in Leipzig, Riesa und Dresden stationirt. Es waren dies zu jener Zeit die bereits genannten Dietz in Leipzig, Sergel in Riesa und Burghart in Dresden. Unter diesen standen die Oberbahnwärter mit der erforderlichen Anzahl Bahn- und Beiwärter.

Für den Betrieb im engern Sinne, die Anschaffung und Unterhaltung der Hülfsmittel zur Benutzung der Bahn war zunächst der Maschinenmeister angestellt, zu jener Zeit Kirchweger, unter dem Vormänner der Werkstätten in Leipzig und Dresden und die Lokomotivführer standen. Letztere mussten erst eine Lehrzeit durchmachen und dann eine Prüfung bestehen. Beigegeben war jedem ein Feuermann.

Für das Wagenbauwesen und dergleichen war die Wagenbau-anstalt mit einem Dirigenten und einigen Vormännern eingerichtet; die Revision der Wagen auf der Bahn hatten Schirrmeister zu besor-gen. Für das Feuerungsmaterial lag dem Dirigent der Kokeberei-tungsanstalt in Riesa die Sorge und Vertretung ob. Der Expeditions-dienst für Personen und Güter war in Leipzig und Dresden getrennt, und fungirten dafür drei Einnehmer und ein Verwieger, während derselbe auf den Zwischenstationen in der Regel durch einen Ein-nehmer besorgt werden sollte. Für den Fahrdienst waren die Zug-führer und Packmeister bestimmt, die jeden Zug mit den, für das Coupiren und sonstige Verrichtungen bestimmten, Schaffnern beglei-ten sollten. Dem Bahnhofsdienst, welcher technische wie Betriebs-Gegenstände innerhalb des Bahnhofsbezirks umfasste, waren Ober-aufseher vorgestellt. Von den bereits zur Zeit der Eröffnung der Bahn als solchen angestellten ist jetzt noch der Inspector Dachsel in Pristewitz in dieser Stellung thätig. Der gleichzeitig als Oberaufseher angestellte Inspector Heise in Dresden verunglückte leider bei Aus-übung seines Dienstes im Sommer 1863. Für alle die vorgenannten Stellen waren die Functionen durch specielle Instructionen, welche noch jetzt in ihren Grundbestimmungen Geltung haben, näher normirt, wenn auch die veränderten Verhältnisse manche Modificationen zur Folge gehabt und theils den Wirkungskreis einzelner erweitert, theils ganz neue Dienstkreise daneben hervorgerufen haben.

Hinsichtlich des **Personen-** und **Güterverkehrs** musste man sich anfangs einerseits an die für den Landstrassenverkehr üblichen Bestimmungen und Taxen anlehnen, andrerseits aber auch der beson-deren Natur der Eisenbahnen, welche die schnelle Beförderung einer grossen unbestimmten Masse von Personen und Gütern erfordert, Rechnung tragen. Ein unter dem 9. April 1839 erlassenes Reglement mit Fahrtaxen liefert den Beweis, in welch' einfacher Weise, im Ver-gleich zu der gegenwärtigen Einrichtung, man das Verhältniss der Eisenbahn zum Publikum auffasste, wobei man hinsichtlich der Per-sonenbeförderung im Wesentlichen die bei der Post herrschenden

Normen auf die Eisenbahn übertrug und bezüglich des Güterverkehrs diese lediglich als Frachtführer ansah. Nach dem gedachten Reglement gingen täglich je 2 Personenzüge von Leipzig und Dresden ab, an beiden Orten früh 6 Uhr und Nachmittags 3 Uhr, die die Tour in der Regel in $3^1/_4$ bis 4 Stunden durchfuhren, jedoch nur, mit Ausnahmen an gewissen Tagen, wo bei Borsdorf und Machern, und Kötzschenbroda und der Weintraube Passagiere aufgenommen und abgesetzt wurden, an den Zwischenstationen hielten. Die Fahrpreise waren auf 3 Thlr. in I., 2 Thlr. in II. und 1 Thlr. 6 gGr. in III. Wagenklasse für die ganze Tour bestimmt. Die Billete hatten im Wesentlichen die Form der noch jetzt für den Lokalverkehr der Leipzig-Dresdner Eisenbahn im Gebrauch befindlichen. Dieselben wurden auch beinahe auf allen übrigen deutschen Bahnen eingeführt, sind aber jetzt auf der Mehrzahl derselben durch Billete des sogenannten Edmonson'schen Systems verdrängt. Das hierbei zu Grunde gelegte System der doppelten Abstempelung einmal Seiten der Controle, wodurch die gedruckten Billets erst Gültigkeit erlangen, und Seiten des Billeteurs, welche dem Billete die Gültigkeit für eine bestimmte Fahrt verleiht, entsprach den Anforderungen schnellen und die Verwaltung sichernderen Verfahrens. Ein Billeteur der Endstation hatte damals 21 verschiedene Sorten Billete, je drei für die 7 Stationen. Das Reglement für den Personenverkehr enthielt nur einige Bestimmungen polizeilicher Natur, wie über das Ein- und Aussteigen, das Verhalten im Wagen und dergl. Die **Gepäckordnung** bestimmte, dass das Reisegepäck mit Namen und Bestimmungsort des Eigenthümers deutlich bezeichnet und 1 Stunde vor der Abfahrt aufgegeben werden sollte; Freigepäck war bis zu 40 Pfd. nachgelassen, für Mehrgewicht und zwar von 41—100 Pfd. musste $^1/_2$ gGr. und von 100—150 Pfd. 1 gGr. pr. Meile Fracht gezahlt werden. Eine Haftung für das Reisegepäck übernahm die Compagnie nach Vorgang der englischen Bahnen nicht, vielmehr sollte jeder Reisende selbst auf sein Gepäck achten und die Abnahme desselben bei der Ankunft bewirken. Gegen eine besondere Vergütung von $^1/_2$ gGr. für 1—40 Pfd., von

1 gGr. von 41—100 Pfd. und von 2 gGr. von 101—150 Pfd. etc. per
Meile wurde eine Garantie bis zu 1 Thlr. pr. Pfd. übernommen und
dafür ein sogenannter Garantieschein gegeben, gegen dessen Zurück-
gabe allein das darauf bezeichnete Gepäck am Bestimmungsort aus-
geliefert wurde. Mehrversicherung war gegen einen, in dem angegebenen Verhältnisse, bestimmten Zuschlag zulässig. Die Expedition
des Gepäcktransports wurde nach und nach, und nachdem besonders
alles Gepäck gegen Garantieschein angenommen wurde, in der Weise
normirt, dass dem Reisenden gegen Vorzeigung des gültigen Fahrbillets ein Gepäckschein mit der Nummer und Stückzahl des übergebenen Gepäcks, welches mit der gleichen Nummer und dem Bestimmungsort versehen werden musste, gegeben wurde.

Bei dem **Güterverkehr** erkannte man es im Interesse des Verkehrs als geboten, eine Classification der Güter anzunehmen und
dafür verschiedene Taxen festzusetzen. Man unterschied, abgesehen
von den Vieh- und Equipagentransporten, welch letztere bei der
damaligen Art des Reisens von grösserer Bedeutung erschienen,
zunächst Güter, die in den Eilzügen zur Beförderung gelangten,
Güter, die mit den gewöhnlichen Güterzügen befördert wurden und
Producte, wie Getreide, Brennholz, Steine und Steinkohlen. Die
Fracht für die Eilgüter, Classe A., war nach dem Satz von 1 gGr.
pr. Ctr. und Meile, demnach auf $15^1/_2$ gGr. für die Tour zwischen
Leipzig und Dresden, für die Güterzüge, Classe B., auf 7 gGr., und
für die genannten Rohproducte, Classe C., auf 6 gGr. berechnet. Das
Reglement, aus 16 verschiedenen Punkten bestehend, enthielt im All-
gemeinen folgende Bestimmungen:

Ohne Frachtbrief oder offene Adresse sollte nichts angenommen
werden. Ein bestimmtes Formular war hierfür damals nicht vorgeschrieben, vielmehr wurden die Frachtbriefe entweder auf der
Eisenbahn von den Expedienten nach einem dort angenommenen
Formular ausgefertigt, oder, was die Regel war, die Spediteure über-
gaben die Sendungen mit ihren Frachtbriefen. Sendungen unter
20 Pfd. waren als postzwangspflichtig ausgeschlossen. Die Fracht-

berechnung erfolgte bei einem Minimalbetrag von 2 gGr. unter Ab-
rundung auf ganze Groschen bei Beträgen von 6 bis 11 Pfennigen.
von 50 zu 50 Pfd., so dass z. B. 21 Pfd. für 50 Pfd. angenommen
wurden. Auch Frachtvorschuss an „bekannte Personen" wurde gegen
eine Provision von 6 Pf. pr. Thaler gewährt. Für Bau- und Nutzholz
und Sandsteine waren Normalgewichte angenommen, Schiesspulver,
Knallsilber und alle selbstentzündliche Gegenstände von der Beförderung ausgeschlossen, während gefährliche Substanzen, namentlich
Scheidewasser, Schwefelsäure etc. nur nach besonderer Uebereinkunft
und gegen erhöhte Fracht sowie unter besonderen Vorsichtsmaass-
regeln befördert wurden. Besonderer Uebereinkunft bedurfte es auch
für alle ungewöhnlichen Raum einnehmende Gegenstände. Für innerhalb 24 Stunden nach Ankunft auf der Station nicht abgenommene
Güter wurde ein besonderer Lagerzins von 4 Pf. per 100 Pfd. berechnet. Die Compagnie wollte nur für „erweislichen Diebstahl", ausserdem aber für keine Art von Verlust oder Beschädigung haften, welche
die gelagerten Waaren in den völlig trockenen, gegen Wind und Wetter
wohlverwahrten Niederlagen derselben erleiden könnten. Die Haftpflicht wegen des Transports schien dadurch nicht beschränkt und
namentlich war ein Normalsatz für den Entschädigungsfall noch nicht
angenommen, wie auch in einem solchen in den ersten Jahren vor-
gekommenen Fall eine bedeutende Summe gezahlt worden ist. Im
Uebrigen war lediglich der Zollvorschriften halber, denen zu Folge kein
Frachtfuhrmann Güter ohne Lieferzeit zum Transport übernehmen
durfte, eine Lieferzeit von 3 Tagen für die Eisenbahn bestimmt.

Diese allgemeinen Bestimmungen bilden noch jetzt die Grundzüge fast jeden Betriebsreglements. Neben diesen dem Publikum
gegenüber geltenden Bedingungen wurde auch der Expeditionsdienst
für den Frachttransport geregelt, welcher die Uebernahme der Güter,
deren Frankatur oder Fracht- und Vorschussüberweisung, die Controle, die Beförderung auf der Bahn und die Ablieferung am Bestimmungsorte oder an andere Frachtführer umfasste. Um die Organisirung
dieses Expeditionsdienstes hat sich der damalige Bevollmächtigte

F. Busse die wesentlichsten Verdienste erworben, auch darüber ein Schriftchen: „Expeditionssystem für den Personen-, Gepäck- und Frachttransport auf der Leipzig-Dresdner Eisenbahn", herausgegeben. Das dabei zu Grunde liegende System wurde ganz oder zum Theil auf fast allen Eisenbahnen Deutschlands angenommen und wenn es auch entweder weiter ausgebildet oder wiederum verlassen worden ist, so war doch damit die sachgemässe und systematische Behandlung eines ganz neuen Geschäftszweigs angebahnt worden.

Die Erfahrung nöthigte bald, nicht blos Modificationen der Frachtsätze einzuführen, sondern auch andere Einrichtungen für den Verkehr zu treffen, wenn anders die Transporte auf die Bahn geleitet werden sollten. Denn trotz derselben ging noch ein grosser Theil des Frachtverkehrs über die Landstrasse, theils weil diess für die Spediteure, welche zu jener Zeit fast alle Frachten in Händen hatten, vortheilhafter erschien und um Rückfrachten zu erlangen, die Fuhrleute, welche ihre Tour fort und fort machten, billigere Sätze zugestanden, theils auch bei dem Transport mit der, auf die Strecke Leipzig-Dresden beschränkten, Eisenbahn die dann erforderliche Umladung der weitergehenden Güter Spesen verursachte, die bei den Frachtfuhrleuten vermieden wurden. Die erste Maassregel in dieser Hinsicht war, dass man den Frachtsatz für Holz und Steine von Riesa nach Leipzig von 5 Pf. per 100 Pfund und Meile auf 4 Pf. herabsetzte, welche Maassregel namentlich die Möglichkeit des Transports dieser Artikel überhaupt bezweckte, und noch im Jahre 1839 den Satz für Güter der Classe C. überhaupt auf 5 gGr. für die Strecke zwischen Leipzig und Dresden ermässigte. Sodann traf man für Leipzig und Dresden die Einrichtung, dass daselbst die Güter der Classe A. und B. gegen eine Vergütung von 1 gGr. resp. $\frac{1}{2}$ gGr. per Centner, bei Sendungen nach Zwischenstationen zu und von der Bahn gefahren wurden, eine Maassregel, welche zunächst gegenüber der durch die Frachtfuhrleute gebotenen gleichen Bequemlichkeit veranlasst wurde. Hierdurch trat eine Veränderung in den Frachtsätzen der Classe A. und B. ein, indem erstere auf 16 gGr., letztere auf 8 gGr. per Centner für die ganze Tour erhöht wurde. Endlich suchte man die grossen Versender. die Spediteure, durch die Einführung des sogenannten Centnergeldes für die Abgabe der Transporte an die Bahn zu gewinnen und zu interessiren. Diese Einrichtung bestand darin. dass den Verladern von Gütern der Classe A. und B. bei einem jährlichen Quantum von mindestens 500 Centner über die ganze Route 1 gGr. beziehentlich $12^{1}/_{2}$ Pf. oder $12^{1}/_{2}\%$ der Fracht. nach Zwischenstationen 10%. und von Gütern der Classe C. bei Aufgabe von mindestens 50.000 Ctr. ein gleicher Betrag von 10% zurückvergütet wurde. Einem der grössten Verlader in Leipzig, der die Güter selbst an- und abfahren liess, wurden sogar 2 gGr. per Ctr. für die Güter der Classe A. und B. bewilligt, was später auf alle derartige Verlader ausgedehnt wurde, da die An- und Abfuhr eines Ctr. Guts am Abgangs- und Bestimmungsorte (Leipzig und Dresden) auf 1 gGr. veranschlagt war. Man wollte damit namentlich die Aufgabe der über Dresden nach Leipzig oder umgekehrt gehenden Güter in Dresden resp. in Leipzig zur Bahn insofern sichern. als die Spediteure die Fuhrleute nur bis Dresden resp. Leipzig gehen und die von der Bahn kommenden Frachten durch dieselben aufnehmen lassen würden. Eine Ermässigung der Frachten hielt man nicht für geboten; dagegen wurde die Provision für Frachtvorschüsse aufgehoben.

Die inzwischen eingeführten Veränderungen in den Fahrtaxen und den Reglementsbestimmungen machten eine neue Zusammenstellung derselben wünschenswerth, und es wurde eine solche 1841 herausgegeben. Dieselbe, auch durch die inzwischen eingetretene Veränderung des Münzfusses nothwendig geworden, enthält gegen das erste Reglement einen wesentlichen Fortschritt. Für den Personenverkehr wurden ausser den sogenannten Postzügen, nach Herstellung des 2. Gleises im Herbste 1840, auch die sogenannten **Packzüge** eingerichtet, so dass täglich 4 Züge von den Endstationen abgingen. Die Packzüge, wovon einer der beiden von Leipzig abgehenden in Oschatz und einer der Dresdner in Riesa übernachtete, waren namentlich für den Zwischenverkehr berechnet, hielten an nicht weniger als 26 Punkten der Bahn und hatten ermässigte Preise, indem die ganze Tour in III. Classe (unbedeckt) 38 Ngr. kostete, während bei Touren von Stationen nach Anhaltepunkten oder von Anhaltepunkten nach Anhaltepunkten besondere Billets à $2^1/_2$ Ngr. durch, die Züge begleitende, sogenannte ambulante oder fliegende Einnehmer ausgegeben wurden, in der Weise, dass der Passagier dergleichen Billets immer von Neuem an den dafür bestimmten Stationen und Anhaltepunkten (15) lösen musste. Später wurden dergleichen Billets auch von den Stationen nach anderen Stationen z. B. Leipzig-Wurzen, Wurzen-Riesa etc. ausgegeben. Die Packzüge haben bis zum Jahre 1852 bestanden. Für die **Postzüge** waren die Preise der I. Classe geblieben, während die der II. auf 68 Ngr. und die der III. auf 45 Ngr., wie sie jetzt für den Lokalverkehr noch bestehen, erhöht wurden. Diese Steigerung wurde durch 2 Momente gerechtfertigt, einmal durch die verbesserten Einrichtungen der Wagen, indem namentlich die II. Classe Fenster und die III. Classe Bedachung erhielten, und sodann durch die Erhöhung des Freigepäcks auf 50 Pfd. und Uebernahme der Garantie dafür nach dem Normalsatze von 1 Thlr. per Pfund auch ohne besondere Vergütung. Uebergewicht wurde für je 10 Pfd. mit $2^1/_2$ Ngr. für die ganze Bahnstrecke berechnet. Ausserdem waren im Reglement für die Passagiere noch weitere Bestimmungen aufgenommen, die sich nach der Erfahrung als nothwendig herausgestellt hatten, namentlich über Billets für Kinder, Tabakrauchen, Umtausch der Billets, versäumte Abfahrt oder Unterbrechung der Fahrt, Kofferträger und dergl. Auch wurden schon in den ersten Jahren Extrazüge für Gesellschaften bewilligt, vom Jahre 1845 ab aber für die Sommermonate, mit Gültigkeit der Billets zur Rückfahrt zunächst vom Sonntag bis Montag, allgemein eingeführt, die namentlich in ihrer späteren Ausdehnung, man kann wohl sagen, ein Bedürfniss für das Publikum geworden sind. Der Personenverkehr stand übrigens im Anfang unter strenger polizeilicher Controle, indem jeder Reisende vor Entnahme des Billets sich gegen die eigens zu diesem Zwecke angestellten Polizeioffizianten über seine Person ausweisen, nach Befinden auch seine Legitimation abgeben musste, die er dann erst von der Polizeibehörde der Ankunftsstation wieder erhielt. Diese Controle wurde auch auf die unterwegs einsteigenden Passagiere durch die die Züge begleitenden Polizeioffizianten ausgedehnt. Dies führte zu vielen Belästigungen und Beschwerden, so dass nach und nach Erleichterungen eingeführt wurden.

Auch das **Güter-Reglement** war vollständiger geworden, namentlich war darin Bestimmung über die Haftpflicht der Bahn für die Transporte getroffen*; für Verlust oder Beschädigungen an Gütern wurde noch im Jahre 1841 ein Normalsatz von 50 Thlrn. per Ctr. eingeführt. Die Verwiegung und Frachtberechnung der Güter fand nunmehr nach Zollgewicht und bei Classe A. und B. von 50 Pfund ab in Abstufungen von 10 zu 10 Pfund aufwärts statt, während bezüglich der Classe C. es bei den Abstufungen von 50 zu 50 Pfund blieb; der Minimalsatz war von 2 gGr. auf 3 Ngr. erhöht, die Classification der Güter aber geblieben, und nur die Anzahl der unter die Classe C. fallenden Artikel vermehrt, wobei, da nur eine beispielsweise Aufzählung derselben gegeben, freier Spielraum für Subsumirung anderer hierunter gelassen war. Die Sätze betrugen 20, 10 und $5^{1}/_{2}$ Ngr. per Ctr. für die Tour zwischen Leipzig und Dresden, so dass für die Classe C. wiederum eine Ermässigung stattgefunden hatte.

---

* Dieselbe lautete: „Die Compagnie haftet für alle mit Frachtbriefen unter Beobachtung der nachstehenden Reglements ihr zur Beförderung unmittelbar oder an die mit Mützenschild und Nummer versehenen Aufläder übergebenen Güter, für die äusserlich wohlbeschaffene Lieferung nach Gewicht und für Beschädigungen jeder Art von der Uebernahme an bis zur Ablieferung; berücksichtigt jedoch in keiner Weise den Inhalt der Colli und keine nachträglichen Reklamationen, wie der Frachtbrief auch lauten möge. Jeder Nachtheil, welcher durch Unkenntniss der Reglements für Verlader oder Empfänger entstehen sollte, trifft nur diese allein. **Mangelhafte oder unzureichend verpackte Gegenstände** werden unter bezüglicher Bemerkung im Frachtbriefe zwar zur Beförderung angenommen, aber in keiner Art vertreten.“

Letztere Bestimmung ist übrigens in das neue deutsche Handelsgesetzbuch übergegangen, mit dem Zusatz, dass nur für die mit der mangelhaften Verpackung verbundene Gefahr nicht gehaftet zu werden braucht.

Die in den folgenden Jahren gemachte Erfahrung, dass eine Abnahme der Fuhrwerke auf der Strasse zwischen Leipzig und Dresden kaum zu bemerken war, schien zu empfehlen, dass man die durch das Centnergeld nur Einzelnen gewährte Ermässigung der Fracht für das Publikum allgemein einführe. Man wollte es deshalb und weil es ohnehin missliebig war, aufheben und den Frachtsatz B. von 10 Ngr. auf $7\frac{1}{2}$ Ngr. per Ctr. zwischen Leipzig und Dresden herabsetzen, was namentlich noch dadurch motivirt wurde, dass die zwischen diesen Orten im Jahre 1843 gegangenen 1460 Packzüge im Ganzen nur 370,000 Ctr. Frachtgüter der Taxe B., jeder Zug im Durchschnitt circa 250 Ctr. befördert hatten, während das dreifache Quantum hätte transportirt werden können. Mit Rücksicht jedoch auf eine damals bereits im Werk befindliche Vereinbarung unter verschiedenen Eisenbahnen über den Gütertransport, deren Erfolg man abwarten wollte, stand man davon noch ab. Eine solche Vereinigung fand auch zwischen den Verwaltungen der Magdeburg-Leipziger, Magdeburg-Halberstädter, Herzoglich Braunschweiger, Berlin-Anhalter, Berlin-Stettiner und Sächs. Bayerschen Bahn im Frühjahr 1845 statt, in der Weise, dass auf sämmtlichen Stationen dieser Bahnen Güter zu directer Beförderung nach den End- und Zwischenstationen der andern mit vorgeschriebenen Frachtbriefen angenommen wurden, so dass es der Benennung eines Spediteurs nur bei Weiterbeförderungen über die Endstationen hinaus bedürfen sollte. Zugleich waren die Frachtsätze einheitlich zusammengestellt, die Gewichtsberechnungen jedoch für die preussischen Bahnen noch besonders anzugeben, da dort noch nicht nach Zoll-Ctr. gerechnet wurde. Obwohl Ermässigungen dabei nicht eintraten, so war doch damit ein bedeutender Fortschritt im Eisenbahnverkehr erzielt. — Die Verkehrsverhältnisse nöthigten indessen die Tarifsätze namentlich der Classe C. direct und indirect herunterzusetzen, indem man theils für Kohlen, Bauholz und Steine billigere Wagenladungssätze — für 70 Ctr. von Dresden nach Leipzig $9\frac{1}{3}$ Thlr. — bewilligte, theils den Versendern günstige Normalgewichte, wie für Bau- und Brennholz, annahm, theils auch in einzelnen Fällen Rabatt gewährte.

Dies, sowie die Missliebigkeit des daneben fortbestehenden Centnergelds, welches man jedoch immer noch nicht aufheben zu dürfen vermeinte, während man andererseits Ermässigungen mit Hinblick auf eine bereits projectirte allgemeine Vereinigung der deutschen Eisenbahnen verschieben wollte, gab Veranlassung, ein neues den Verhältnissen angepasstes Reglement nebst Tarifen für Personen- und Gütertransport zu entwerfen. Dieser Entwurf wurde von dem Ausschuss geprüft und ausführlich begutachtet, kam aber nur in einigen Punkten damals zur Ausführung, und zwar bezüglich des Centnergeldes, das vom 1. Januar 1847 an durchgängig und gleichförmig auf $8\,^0/_0$ Rabatt vom Frachtbetrage an Verlader von 500 Ctr. der Frachtclassen A. und B., resp. von mindestens 50,000 Ctr. der Classe C. und auf $10\,^0/_0$ bei Quantitäten von 60,000 Ctr. und darüber per Jahr festgesetzt wurde; ferner bezüglich der unter die Tarifclasse C. fallenden Artikel, welche vermehrt und in Quantitäten auch unter 40 Ctr., damals eine Wagenladung, angenommen wurden und endlich hinsichtlich der Normalgewichte, welche bezüglich der Rohproducte für die Versender sehr günstig festgestellt worden waren. Erst im Jahre 1855 erschien ein neues vollständiges Reglement mit Tarifen; bis dahin galt im Wesentlichen das Reglement vom Jahre 1842 mit den später hinzutretenden Modificationen, wie sie namentlich nach der Eröffnung von Anschlussbahnen nöthig wurden. So traf man schon damals mit der Chemnitz-Riesaer, Sächsisch-Schlesischen, Berlin-Anhalter, Berlin-Hamburger und Magdeburg-Leipziger Bahn Vereinigung über billigere **Durchgangs**frachtsätze. Doch fanden dieselben bei dem sich dadurch benachtheiligt glaubenden Handelsstande Leipzigs und Dresdens mannigfache Anfechtung, so dass unter Andern die directen Frachtsätze zwischen Magdeburg und Görlitz ($4^1/_2$ Pf. per Ctr. und Meile) wieder aufgehoben wurden.

Der **bauliche** Zustand der Bahn und der Transportmittel erfuhr in dem ersten Jahrzehnt nach der Eröffnung manche Veränderung. Die erste und hauptsächlichste war die Legung eines zweiten Gleises, das man für eine unerlässliche Bedingung der Regelmässigkeit,

Schnelligkeit und Sicherheit des Betriebs hielt. Es wurde deshalb gleich nach Eröffnung des Betriebs auf der ganzen Bahn der damals noch vorhandene Schienenvorrath von 140,000 Ellen für ein zweites Gleis zwischen Luppa-Dahlen und Riesa verwendet und die weitere Herstellung desselben so energisch betrieben, dass dieselbe bereits am 1. October 1840 beendet war. Diese Maassregel, welche bei der Mehrzahl der deutschen Bahnen jetzt noch nicht zur Ausführung gekommen ist, hat ihren Zweck vollkommen erfüllt und den schnellen und ungestörten Betrieb auf der Leipzig-Dresdner Eisenbahn wesentlich gefördert. Die in dem ersten Gleise zwischen Leipzig und Wurzen noch liegende 2 Meilen lange Holzbahn wurde, da sie unverhältnissmässig hohe Unterhaltungskosten verursachte und sich als unzweckmässig und selbst die Sicherheit des Betriebs gefährdend herausstellte, im Frühjahr 1843 gegen den auf der übrigen Bahn bereits angewandten massiven Oberbau auf Querschwellen beseitigt. Bei dieser Gelegenheit war von einem technischen Mitgliede des Gesellschafts-Ausschusses ein verbessertes System der Holzbahn vorgeschlagen, von dem Oberingenieur jedoch wiederholt als unausführbar zurückgewiesen und schliesslich auch zur Seite gelegt worden. Von anderen Veränderungen der Bahn ist namentlich noch die im Jahre 1847 mit einem Kostenaufwand von gegen 30,000 Thlr. erfolgte Umwandelung des Zschöllauer Viaducts in einen Damm zu erwähnen.

Der bei der Eröffnung vorhandene Bestand an **Lokomotiven** war nach und nach auf 24 Stück erhöht worden. Diese Zahl reducirte sich jedoch auf 19, indem der Kessel der einen, „Windsbraut", explodirte und 4 andere, „Saxonia, Komet, Faust und Blitz", dienstunfähig wurden. Der Bestand stellte sich daher im Jahre 1846 in Anbetracht, dass ein Theil der aus der ersten Zeit herrührenden Lokomotiven nur geringe Leistungsfähigkeit besass, — mehr als 10 bis 15 Wagen konnte denselben nicht angehangen werden — sowie gegenüber den gestiegenen Ansprüchen des Verkehrs als so unzureichend dar, dass eine Vermehrung von 10 Stück nach neuerer Construction

beschlossen und ausgeführt wurde.* Ebenso erschienen die Personen-
und Packwagen für den Verkehr nicht mehr genügend und die
Wagenbauanstalt, welche in den letzten Jahren bedeutend erweitert
worden war und viel für fremde Bahnen gearbeitet hatte, musste eine
Zeit lang beinahe ausschliesslich für Deckung des eigenen Bedarfs
thätig sein. Zu gleicher Zeit war es dringende Nothwendigkeit
geworden, das Maschinenhaus in Leipzig umzubauen und im grösseren Maassstabe herzustellen. Sonstige Bauten wurden in diesem
Zeitraum nur nach Bedürfniss ausgeführt, insbesondere in Riesa im
Jahre 1844 ein Gebäude für die Restauration eingerichtet, wie es
der dort frequente Verkehr unumgänglich erheischte. Schon damals
fanden übrigens zwischen den technischen und Verwaltungsbeamten
der Leipzig-Dresdner und der benachbarten Eisenbahnen regelmässige Zusammenkünfte statt, um die gemachten Erfahrungen
gegenseitig auszutauschen und zu prüfen und das bewährt Gefundene
in möglichster Uebereinstimmung anzuwenden. In Folge solchen
Meinungsaustausches führte man namentlich für die Lokomotivführer das System der Prämien für sparsamen Verbrauch des
Brennmaterials, anfangs nach Lokomotivmeilen, später nach Wagen-
achsmeilen ein, welcher Modus dann auch bei der Berechnung der
Meilengelder für die Zugführer zu Grunde gelegt wurde, und wandte
später beim Oelverbrauch für das Schmieren der Lokomotiven
dasselbe System an, das sich allenthalben bewährt hat.

Die **finanzielle Lage** der Bahn im ersten Jahrzehnt hatte sich
im Ganzen nicht ungünstig gestaltet. Die Einnahmen aus dem
Personen- und Güterverkehr waren bis zum Jahre 1848, wo für dieses
Jahr ein Rückschlag eintrat, im steten Wachsthum begriffen, obwohl,
wie oben gezeigt, namentlich der letztere in nicht unbedeutendem
Maasse auf der Landstrasse fortdauerte. Man hatte überhaupt von
Anfang an für den Eisenbahnverkehr grössere Erwartungen von der

* Ein von dem Mechanikus Emil Stöhrer in dieser Zeit empfohlener und
von ihm geleiteter Versuch, den Electromagnetismus zur Fortschaffung von Lasten
auf der Eisenbahn zu benutzen, hatte keinen practischen Erfolg.

Personenfrequenz gehegt und dem Güterverkehr mehr eine secundäre
Bedeutung belegt, bis zuerst im Jahre 1852 das umgekehrte Verhältniss eintrat. Die angefügte tabellarische Aufstellung zeigt die
Steigerung des Verkehrs, wobei zu bemerken ist, dass das Quantum
der schwer wiegenden Rohproducte bis in die fünfziger Jahre unter
den unter Classe B fallenden Transporten blieb. — Ueberstiegen
schon die erstjährigen Resultate des Verkehrs auch die früheren
Berechnungen, so waren andrerseits auch die Ausgaben bedeutender,
als man vorher berechnen konnte. Wenn man z. B. in dem seiner
Zeit ausgegebenen Prospect die Einnahme auf 295,751 Thlr. 2 gGr.
und die Gesammtkosten auf 50% davon, 147,875 Thlr. 13 gGr. per
Jahr, geschätzt hatte, so wies zwar schon das Jahr 1840 eine Einnahme von 460,242 Thlr. 12 gGr. 3 Pf., dagegen aber auch eine Ausgabe von etwa 250,000 Thlr. auf. Die in diesem Betriebsjahre
zurückgelegten 46,868$^{1}/_{2}$ Lokomotivmeilen verursachten unter Ein-
rechnung sämmtlicher hierauf bezüglicher Gehalte, Arbeitslöhne
und Meilengebühren einen Kostenaufwand von 2$^{2}/_{3}$ Thlr. per Meile.
Während nun die ersten drei Betriebsjahre ein zur Vertheilung einer
Dividende über die 4%tige Verzinsung hinreichendes Erträgniss nicht
ergaben, brachte das Jahr 1842 bei einem reinen Ueberschusse von
44,421 Thlr. 15 Ngr. 8 Pf. die erste Extradividende von $^{5}/_{12}$ Thlr. per
Actie, indem davon ausserdem dem Reservefond zum ersten Male
8884 Thlr. 9 Ngr. 2 Pf. in Gemässheit von §. 63 der Statuten gut-
geschrieben wurden. Die folgenden 4 Jahre ergaben ausser der
4%tigen Verzinsung 1% und das 5. Jahr, 1847, 1$^{1}/_{2}$% Dividende.
Hierbei war in den ersten Jahren die Aufstellung der einzelnen
Conten des Rechnungsabschlusses, die Subsumirung der verschiedenen Ausgabe-Positionen, namentlich die Frage, ob solche dem
Betrieb oder dem Baucapital zur Last zu schreiben, nicht nur zwischen
dem Directorium und dem Gesellschaftsausschuss, sondern auch in
der Generalversammlung Veranlassung zu manchen Controversen,
die jedoch meist in befriedigender Weise erledigt wurden. Doch
erforderte eine solche verschiedene Auffassung über die Verwaltung

und Anlegung des Reservefonds einen Zusatz zu §. 63 der Statuten, des Inhalts, dass dieser Fond mit Zustimmung des Gesellschafts-ausschusses auch im Geschäfte selbst als ein Theil des werbenden Gesellschaftsvermögens angelegt werden könne, während wiederholte Anträge auf Feststellung eines jährlichen Budgets bei der Unmög-lichkeit dasselbe im Voraus mit einiger Wahrscheinlichkeit zu berechnen, unberücksichtigt bleiben mussten.

Die **Wagenbauanstalt** hatte, nachdem ihr die Concession auch zur Fabrikation von Wagen für Dritte ertheilt, wie bereits gedacht, eine bedeutende Ausdehnung sowohl bezüglich der Lokalitäten, als des Betriebscapitals erhalten. Sie hat in jener Zeit für viele deutsche Bahnen, die Magdeburg-Leipziger, Berlin-Hamburger, die Hanno-versche, die Cöln-Mindner, die Niederschlesisch-Märkische, die Sächsisch-Bayersche und andere, Wagen geliefert und bei dem damals in Deutschland noch herrschenden Mangel an Eisenbahnwagen-Fabriken einem wirklichen Bedürfniss entsprochen. Nachdem in dieser Beziehung Concurrenzen entstanden und ihre Aufgabe erfüllt schien, ist sie als besonderes Etablissement im Jahre 1858 aufge-hoben und auf die Arbeiten nur für eigenen Bedarf beschränkt mit den Werkstätten des Maschinenhauses verschmolzen worden. Die in den Rechnungsabschlüssen als besondere Posten erscheinenden Erträgnisse derselben weisen nach, dass die Anlage auch für die Gesellschaft nicht ohne Vortheil gearbeitet hat.

Während so die jährlichen Erträgnisse der Bahn nicht unbe-friedigend waren, gab es doch auf der andern Seite noch manche finanzielle Schwierigkeiten zu überwinden, namentlich für die Be-schaffung der zum weiteren Ausbau der Bahn noch erforderlichen Mittel zu sorgen. Man musste gleich im ersten Jahre bei dem Finanzministerium um ein Darlehen nachsuchen, das auch bereit-willigst gewährt wurde, und sah sich veranlasst, bei Abschliessung von Contracten noch im Besitze der Compagnie befindliche Actien als Bezahlung zu offeriren, eine Operation, die im Jahre 1848 wie-derholt wurde.

Zur Beschaffung der für die Vollendung des zweiten Gleises und der Herstellung der Magdeburg-Leipziger Verbindungsbahn erforderlichen Mittel nahm man die erste öffentliche Anleihe von 1 Million Thaler unterm 1. December 1839 auf, die in 10,000 Partialobligationen à 100 Thlr. zerfallend, wovon die ersten 2500 in halben Obligationen von 50 Thlr. unter Lit. A und B ausgefertigt wurden, auf einer $4^0/_0$tigen jährlichen Verzinsung basirte. Hiervon wurden jedoch nur $3^1/_2^0/_0$ Zinsen jährlich gewährt und das letzte $^1/_2^0/_0$, sowie die durch die Rückzahlungen selbst erspart werdenden Zinsen zur Tilgung der Anleihe in jährlichen Ausloosungen in der Weise verwendet, dass die ausgeloosten Obligationen mit einer in jedem Jahre um $1^0/_0$ steigenden Prämie zurückgezahlt werden. Die Amortisation wird hiernach in 83 Jahren, im Jahre 1922, beendet; und sind die letzten ausgeloosten Obligationen mit 183 Thlr. rückzahlbar. Diese Anleihe und deren Plan, welcher von dem stellvertretenden Directorialmitgliede SEYFFERTH ausging, fand soviel Vertrauen, dass sofort der ganze Betrag von 6 Leipziger Häusern mit $^1/_4^0/_0$ Agio zu Gunsten der Compagnie übernommen wurde. Nur die ausserordentlichen Jahre 1848, sowie 1857 und 1858 haben sie auf kurze Zeit unter pari gebracht. — Diese Anleihe von 1 Million Thlr. wurde unterm 1. Juni 1841 um 500,000 Thlr. mit ganz gleichen Bedingungen, jedoch unter Zurückhaltung der von der ersten Anleihe bereits ausgeloosten 49 Nummern in der Weise erweitert, dass 10,000 Partialobligationen à 50 Thlr. von No. 1 — 10,000 als II. Serie ausgegeben und den Inhabern alter Obligationen von 1839 gegen ein Agio von $^3/_4$ Thlr. per Stück, mit Rücksicht auf die auf den alten Obligationen bereits ruhende Prämie von $1^1/_2^0/_0$, offerirt wurden. Diese Summe war zur Deckung des für die Verzinsung der Actien während der Bauzeit verwendeten Betrags von 144,291 Thlr. 4 gGr. 10 Pf., sowie der Kosten des 2. Gleises der Magdeburg-Leipziger Verbindungsbahn und Beschaffung eines Betriebscapitals nöthig geworden.

Die dritte Finanzoperation dieser Periode war die **Emission von 5000 Stück** neuer Actien à 100 Thlr., somit die Erhöhung des

Actiencapitals auf 5 Millionen Thlr., welche mit dem Jahre 1848 eintrat. Dieselbe wurde durch die obgedachte Vermehrung der Betriebsmittel, die Erbauung eines Maschinenhauses und eines Administrationsgebäudes in Leipzig und einer Maschinenremise in Dresden, durch Vergrösserung der Güterböden an den gedachten Endstationen, die projectirte Anlage eines electro-magnetischen Telegraphen und dergleichen bedingt und Ende 1847 zur Ausführung unter nachstehenden näheren Bestimmungen beschlossen:

1. Von den 5000 Stück unter den Nummern 45,001 bis 50,000 neu creirten Actien sollten 4500 Stück vom 17. März 1848 an bis zum 15. April desselben Jahres zur Verfügung der Actionaire gestellt und zwar gegen Einzahlung von 35 Thlr. bis zum 15. April, von 30 Thlr. am 1. Juli und von 35 Thlr. am 2. October 1848 unter Gestattung von Volleinzahlungen, der Rest von 500 Stück aber zurückgelegt, ferner

2. die Einzahlungen mit 4 % verzinst und die in gleiche Rechte mit den älteren eintretenden Actien nebst Talon, Coupons und resp. Dividendenscheinen* vom 1. April 1849 an nach dem obigen letzten Einzahlungstermin ausgegeben werden.

3. für die erste Einzahlung im April 1848 war die Einlieferung von 10 Coupons, No. 9, welche incl. der $1^1/_2$ % betragenden Dividende des Jahres 1847 den Werth von 35 Thlr. repräsentirten, vorgeschrieben, um dadurch einmal die Legitimation als Actieninhaber zu erbringen und sodann die Einsendung der Actiendocumente selbst und deren Abstempelung zu vermeiden.

Die während der Vorbereitung zur Ausführung dieses Beschlusses eintretenden Stürme des Jahres 1848, die allgemeine Erschütterung des Credits und der Rückgang aller Effecten, namentlich-

---

* Besondere Dividendenscheine waren zu jener Zeit noch nicht ausgegeben.

lich auch der Leipzig-Dresdner Actien unter pari, bis 86 % (der niedrigste Cours, den dieselben je gehabt haben), stellten der Realisirung dieser Operation Hindernisse entgegen und man musste den eintretenden pecuniären Bedürfnissen, um nicht durch Verkauf der neucreirten Actien unter dem Nominalwerth allzu grosse Opfer zu bringen, auf andre Weise genügen. Diess geschah theils durch Lombardgeschäfte unter Verpfändung der im Besitz der Gesellschaft befindlichen Actien, theils auch durch Ausgabe derselben zum Nominalwerthe an Zahlungsstatt, während man im Uebrigen die Ausführung der projectirten Anlagen und Erweiterungen möglichst beschränkte. Die Wiederkehr des Vertrauens, welches auch den Cours der Leipzig-Dresdner Eisenbahn-Actien bald wieder über pari brachte, gestattete den Verkauf der im Besitz der Compagnie befindlichen mit Vortheil, so dass noch vor Ablauf des Jahres 1849 3000 Stück begeben werden konnten, woraus ein Gewinn von 3881 Thlr. 25 Ngr. für die Gesellschaft resultirte. Die noch übrigen 2000 Stück wurden als Reserve für weiteren Bedarf an Betriebsmitteln und dergleichen zurückbehalten.

Hinsichtlich neuer, an die Leipzig-Dresdner Eisenbahn sich **anschliessender Bahnprojecte** kamen in dieser Periode hauptsächlich drei in Frage, von denen aber keins durch die Compagnie zur Ausführung gelangte. Das eine, die Fortsetzung nach Thüringen, (Leipzig-Dürrenberg), von der Thüringischen Eisenbahn-Gesellschaft im Jahre 1847 wieder aufgenommen, nachdem die Linie schon in den dreissiger Jahren von Leipzig aus untersucht worden war, wurde von dem Directorium auf Grund des Decrets vom 6. Mai 1835 No. 5: „die Regierung gestattet mit Ausschluss aller gleichartigen Unternehmungen einer directen Verbindung zwischen Leipzig und Dresden die Erbauung einer Eisenbahn zwischen den nur gedachten Städten und nach Befinden deren Verlängerung bis zur Landesgrenze, etc." beansprucht. Die Regierung fand jedoch dieser Bestimmung durch den der Compagnie zugestandenen Bau der Magdeburg-Leipziger Verbindungsbahn bereits Genüge geleistet, da unter Verlängerung bis zur Landesgrenze nur die Verlängerung in **einer Richtung** zu verstehen sei, und wies den Anspruch zurück. Das inzwischen eintretende Jahr 1848 mit seinen Folgen, sowie verschiedene andere Momente liessen die Herstellung dieser so wichtigen Verbindungsbahn bis zum Jahre 1856 verschieben, wo sie von der genannten Eisenbahn-Gesellschaft mit dem Anschluss an die Thüringische Bahn bei Corbetha ausgeführt wurde, während die Leipzig-Dresdner Eisenbahn-Compagnie formell auf den Anspruch aus ihrem Privilegium verzichtete.

Das andere Project betraf die **Sächsisch-Böhmische Bahn** von Dresden bis zur Böhmischen Landesgrenze bei Niedergrund. Für diese Bahn war, wie bereits oben Seite 43 erwähnt, schon im Jahre 1836 ein Comité in Dresden ins Leben getreten und zu dessen Gunsten Seiten der Leipzig-Dresdner Eisenbahn-Compagnie damals auf das ihr zustehende Privileg verzichtet worden, ohne dass jedoch der Bau zu jener Zeit in Angriff genommen wurde. Im Anfang der Vierziger Jahre bildete zu gleichem Zweck sich ein neuer Comité in Prag, dem auch das Directorium als Mitglied beitrat. Unterdessen waren zwischen der Sächsischen und der Oesterreichischen Regierung Verhandlungen wegen Abschluss eines Staatsvertrags über die Herstellung und den Anschluss dieser Bahn gepflogen worden und soweit zum Abschluss gediehen, dass die Sächsische Regierung die bereits im Jahre 1842 mit dem Directorium desfalls eingeleitete Vernehmung im Jahre 1843 fortsetzte, deren Ergebniss den Actionairen in einer unterm 30. Juli 1844 abgehaltenen ausserordentlichen Generalversammlung vorgelegt ward, nachdem das Directorium in einer unterm 15. desselben Monats veröffentlichten Mittheilung die bezüglichen Unterlagen zur allgemeinen Kenntniss gebracht hatte. Nach Inhalt des zugleich beigelegten Entwurfs des Concessionsdecrets sollte nämlich die Leipzig-Dresdner Eisenbahn-Compagnie den Bau und den Betrieb der gedachten Bahn, sowie die Herstellung einer unterhalb der Stadt Dresden zu erbauenden Elbbrücke, welche Anlagen durch den Geh. Baurath Kunz auf zusammen 4,099,880 Thlr. veranschlagt waren, innerhalb einer noch zu bestimmenden Frist übernehmen. Zur Ausführung des Eisenbahnbau's versprach die Staatsregierung einen zu $2^0/_0$ verzinslichen, 10 Jahre nach erfolgter Zahlung zurückzuerstattenden Vorschuss von einer Million Thaler, eventuell noch weitere Unterstützung, und zu den Kosten der auf 571,617 Thlr. 23 Ngr. 7 Pf. veranschlagten Elbbrücke einen Kostenbeitrag von 305,820 Thlr., gegen welchen sie sich die Erhebung eines Brückenzolls von dem gewöhnlichen Verkehre vorbehielt. Der Regierung stand darnach ferner das Recht zu, das **gesammte** Eigenthum der Leipzig-Dresdner Eisenbahn-Compagnie, daher namentlich die Leipzig-Dresdner Eisenbahn, die Magdeburger Verbindungsbahn und die zu erbauende Sächsisch-Böhmische Bahn nach Ablauf von 35 Jahren nach Eröffnung der Sächsisch-Böhmischen Bahn zu erwerben und zwar gegen Erstattung des 25fachen Betrags des, unter Ausscheidung des höchsten und niedrigsten Jahres-Zinsen- und Dividenden-Genusses der Actien aus den letzten 10 Jahren vor Realisirung des Kaufgeschäfts, festgestellten jährlichen Durchschnittsertrags und des ausgeloosten und zurückbezahlten Capitalbetrags der contrahirten Anleihen von $1^1/_2$ Millionen Thlr. und beziehentlich der für Beschaffung des Baucapitals für die Sächsisch-Böhmische Bahn zu creirenden Anleihen bis zum Betrage von $4^1/_2$ Millionen Thaler. Ausgenommen von dem damit eintretenden Uebergang der Activa und Passiva der Compagnie auf den Staat war der vom Reinertrag angesammelte Reservefond. Abgesehen von diesen wesentlichsten Punkten enthielt der Entwurf noch einige Bestimmungen beziehentlich der Fahrtaxen, des Postregals und der Entschädigung des Stationsinhabers zu Pirna,* die jedoch untergeordneter Bedeutung waren.

---

* Eine ähnliche Entschädigung war auf Grund der Bestimmung im Decret vom 6. Mai 1835, No. 5. Lit. K., von den Stationsinhabern auf der Leipzig-Dresdner Postroute über Oschatz beansprucht und nach vielfachen Verhandlungen über die von denselben geforderten Summen mit Thlr. 17,835. 23 gGr. 1 Pf. Seiten der Compagnie auch geleistet worden.

Es waren hiernach 2 Alternativen gegeben, entweder den Bau in Gemässheit dieses Decrets mit der Staatsunterstützung, oder lediglich nach Maassgabe des Decrets vom 6. Mai 1835, also ohne Unterstützung des Staats, jedoch auch ohne die erschwerenden Bedingungen des Ankaufsrechts und dergleichen, auszuführen. Das Directorium sprach sich für die erstere aus, verwies auf die Wichtigkeit dieses Projects als Fortsetzung der Leipzig-Dresdner Eisenbahn, ohne dass es jedoch entschieden für dasselbe auftrat, und hielt dafür, dass der Bedarf, welchen es auf rund $4^1/_2$ Millionen Thaler stellte, zur Hälfte durch Actien, zur andern Hälfte durch Anleihe zu decken sein würde. Die ausserordentliche Generalversammlung erklärte sich nach einer lebhaften Debatte gegen die Ausführung der Sächsisch-Böhmischen Bahn auf Grund des Decrets vom 6. Mai 1835, fand aber auch die andere Alternative nicht für entsprechend und autorisirte nur das Directorium, weitere Verhandlungen über die Modalitäten der Ausführung der Böhmischen Bahn durch die Leipzig-Dresdner Eisenbahn-Compagnie zu pflegen und insofern durch dieselben günstigere Bedingungen als die jetzt erlangten sich erzielen liessen, diese einer anderweit zu berufenden Generalversammlung zur Genehmigung vorzulegen. Auf einen in Folge dieses Beschlusses vom Directorium gestellten Antrag an die Staatsregierung erfolgte jedoch ein ablehnender Bescheid, in welchem einmal der von der Gesellschaft ausgesprochene Verzicht auf das Privileg aus dem Decret vom 6. Mai 1835 constatirt und sodann unter Anderm gesagt wurde:

> „dass die Regierung nur ungern ihre im Interesse der Unternehmung selbst wie in dem der Leipzig-Dresdner Eisenbahn-Compagnie gehegte Absicht vereitelt gesehen habe, das in Rede stehende Project einer Gesellschaft anzuvertrauen, deren Verhältnisse die Uebernahme in mehrfacher Hinsicht rathsam und wünschenswerth erscheinen liessen und von deren Verwaltung die Regierung eine umsichtige Leitung des Unternehmens zu erwarten mit allem Grunde berechtigt gewesen wäre."

Das Directorium hielt es indessen für seine Pflicht, nichts
unversucht zu lassen, um die Verhandlungen fortzusetzen und von
der Gesellschaft einen positiven Beschluss zu erlangen, auf den hin
vielleicht die Regierung andre Concessionsbedingungen zu genehmi-
gen veranlasst werden könnte. Letztere wies jedoch einige von dem
Directorium dafür in Vorschlag gebrachte Modificationen zurück
und nur in der, durch die Regierung allerdings nicht hervorgerufenen, Erwartung, dass ein auf den Beschluss der Generalversammlung sich stützender erneuter Antrag des Directoriums, die
Elbbrücke möge ganz aus Staatsmitteln gebaut und unterhalten,
der Vorschuss von 1 Million Thaler aber zu 2% jährlichen Zinsen
auf 20. Jahre gewährt werden, noch zur Ueberlassung der Ausführung der Sächsisch-Böhmischen Bahn in Gemässheit der in dem
Decretsentwurf sonst vereinbarten Bedingungen führen werde, brachte
das Directorium die Angelegenheit in der Generalversammlung am
18. März 1845 nochmals zum Vortrag und zur Beschlussfassung.
Nach dieser Vorlage stellte sich das Maximum des Bedarfs auf
3,928,360 Thlr., wovon 1 Million Thaler durch den Vorschuss der
Staatsregierung, 2,250,000 durch neue Actien und der Rest durch
Anleihe gedeckt werden sollten. — Ueber die Anträge des Directoriums entspann sich in der Generalversammlung eine heftige
Debatte, und obwohl die meisten Redner, mitunter in ziemlich hef-
tiger Weise, dagegen sprachen und selbst der Vorsitzende des
Ausschusses äusserte, dass derselbe in seiner Majorität sich entschieden, eine Bevorwortung der Uebernahme des Baues unter
den angegebenen Unterlagen nicht eintreten zu lassen, erklärte sich
doch eine bedeutende Majorität, 1149 gegen 412 Stimmen, für
dieselben. Das hierauf von dem Directorium erneuerte Gesuch um
Ueberlassung der Ausführung der Sächsisch-Böhmischen Bahn unter
den von der Generalversammlung genehmigten Bedingungen wurde
aber von der Staatsregierung dahin beschieden, dass einerseits die
Verhandlungen so weit hinausgezogen, dass der Zusammentritt der
nächsten Ständeversammlung zu nahe herangerückt sei, andrerseits

von der Sächsisch-Schlesischen Eisenbahn-Compagnie günstigere
Bedingungen dafür in Aussicht gestellt seien, endlich aber zunächst mit
den Ständen in weitere Vernehmung über die Ausführung, ob durch
den Staat unmittelbar oder durch Privatunternehmer getreten werden solle. Die erstere dieser Alternative ist eingetreten, da von jener
Zeit an das Princip, Eisenbahnbauten für Rechnung des Staats auszuführen resp. zu übernehmen, von der Regierung wie von den
Ständen angenommen wurde. Bereits am 1. August 1848 ist auch
die erste Strecke der Sächsisch-Böhmischen Bahn befahren und dieselbe am 19. April 1852 in ihrer ganzen Ausdehnung 7,228 Meilen,
dem Betrieb übergeben worden, nachdem die österreichische Regierung auch von Prag aus den Bau bis zur Grenze beendet hatte.

Der obige auf $4^1/_2$ Millionen Thaler berechnete Kostenanschlag ist
hierbei allerdings überschritten worden, auch die Erträgnisse der Bahn
haben erst in der neuesten Zeit eine entsprechende Verzinsung des
Anlagecapitals ergeben, so dass man das Resultat der damaligen
Verhandlungen vielleicht als ein für die Leipzig-Dresdner Eisenbahn
günstiges zu bezeichnen berechtigt sein könnte, um so mehr, als die
Calamitäten des Jahres 1848 manche Verlegenheiten bereitet und
Opfer gefordert haben würden. Es könnte wohl auch das vom Staate
nach Ablauf von 35 Jahren bedungene Ankaufsrecht der ganzen Bahn
von der preussischen Grenze bei Leipzig ab als ein Grund für diese Anschauung geltend gemacht werden. Wenn man indessen berücksichtigt, welche Vortheile die grössere Länge einer Eisenbahnlinie
bei einheitlicher Verwaltung nicht nur durch die Einfachheit des
Betriebs, bessere Ausnutzung der Betriebsmittel und dergl., sondern
namentlich und hauptsächlich durch die Möglichkeit billigerer Frachtsätze und der Heranziehung der Transporte gegenüber den Concurrenzen gewährt, so möchte man es wohl bedauern, dass die von Anfang an von dem Directorium getheilte Ansicht über die Wichtigkeit
und Bedeutung der Thatsache, die natürlichste Fortsetzung der Eisenbahn von Leipzig nach Dresden durch die Gesellschaft ausgeführt zu
sehen, bei den übrigen Gesellschaftsorganen nicht hinreichenden und

rechtzeitigen Anklang gefunden hat. Die Stellung der Leipzig-Dresdner Eisenbahn-Compagnie würde jedenfalls in dem Eisenbahnsystem eine andere und noch einflussreichere geworden sein.

Nicht glücklicher ist die Leipzig-Dresdner Eisenbahn-Compagnie bei einem dritten an ihre Bahn anschliessenden Project, der Fortführung der Berliner Bahn von der preussischen Landesgrenze bis Röderau, gewesen. Wie oben Seite 44 mitgetheilt, war ein Vertrag über den Anschluss an eine von Berlin nach der Landesgrenze bei Riesa projectirte Eisenbahn schon im Jahre 1836 abgeschlossen, Seiten der Berliner Gesellschaft aber aus Gründen, deren Einfluss sie sich nicht entziehen zu können versicherte, unerfüllt gelassen worden. Im Jahre 1845 nahm die Berlin-Anhaltische Eisenbahn-Gesellschaft die desfallsigen Verhandlungen wieder auf, nachdem ihr als Ausgleichung für die Verminderung des Verkehrs nach Magdeburg durch eine directe Berlin-Magdeburger Bahn die Concession für Herstellung einer möglichst kurzen Linie nach Dresden und Riesa hin von der preussischen Regierung ertheilt worden war, die sich wegen Abschluss eines Staatsvertrags mit der sächsischen Regierung über den Anschluss in Verbindung gesetzt hatte. Das Directorium erklärte seine Bereitwilligkeit hierzu und suchte, da seine Ansicht, als ob die im Jahre 1836 bereits ertheilte Concession beziehentlich das Decret vom 6. Mai 1835 auf diese Zweigbahn Anwendung leide, von der Regierung nicht getheilt wurde, zunächst um Gestattung zur Vornahme der Vorarbeiten nach, die im September 1846 auch erfolgte. Inzwischen fanden die Verhandlungen zwischen den beiden Gesellschaften wegen des Anschlussvertrags statt. Der erste, in Folge einer am 29. Novbr. 1846 in Leipzig abgehaltenen Conferenz verfasste und dann in mehreren Conferenzen näher bestimmte Entwurf basirte im Wesentlichen auf dem mit der Magdeburg-Leipziger Eisenbahn-Gesellschaft abgeschlossenen Vertrag, so dass der Bau der 1,453 Meilen betragenden und bei Röderau in die Leipzig-Dresdner Eisenbahn einmündenden Verbindungsbahn von letzterer ausgeführt, der Betrieb und die Unterhaltung aber der Berlin-Anhaltischen Eisenbahn-Gesellschaft gegen

Gewährung von 45% des Bruttoertrags des auf diese Strecke zu berechnenden Verkehrs überlassen werden sollte. Der Gesellschafts-Ausschuss, im Wesentlichen damit einverstanden, machte seine Genehmigung jedoch ausser von der durch die Generalversammlung zu erledigenden Frage der Beschaffung der Geldmittel davon abhängig, dass die, im Entwurf nicht aufgenommene, Bestimmung über Einrichtung eines directen, ununterbrochenen Personen- und Güterverkehrs zwischen Berlin und Leipzig via Riesa, welche Route über 1 Meile kürzer war, als die über Cöthen, von der Berlin-Anhaltischen Eisenbahn-Gesellschaft zugestanden werde. Auch die sächsische Staatsregierung stellte in einer durch den Königlichen Commissar unterm 23. Juli 1847 mitgetheilten Verordnung gleiche Bedingung und machte noch andere Ausstellungen gegen die Bestimmungen des Anschlussvertrags, so dass das Directorium der Direction der Berlin-Anhaltischen Eisenbahn-Gesellschaft gegenüber entsprechende Zugeständnisse forderte. In Folge dessen fand im September 1847 wiederum eine mündliche Verhandlung zwischen den beiden Gesellschaftsvorständen statt, in welcher die diesseitigen Forderungen im Wesentlichen zugestanden wurden. Der Gesellschafts-Ausschuss fand jedoch die darin aufgenommene Bestimmung, dass bei den Sätzen für den directen Verkehr von und nach Berlin via Riesa die Berlin-Anhaltische Eisenbahn-Gesellschaft für die Strecke von Berlin nach der sächsischen Grenze resp. Röderau (19 Meilen) dieselben Antheile erhalten sollte, wie für die längere, volle 20 Meilen betragende Strecke Berlin-Cöthen, bedenklich, und erforderte deshalb zuvor Festsetzung eines auf den wirklichen Entfernungen basirenden Tarifs. In einer am 21. November 1847 in Wittenberg anderweit stattgefundenen Conférenz zwischen den Deputirten der beiderseitigen Gesellschaftsvorstände vereinigte man sich aber nur darüber, dass der Bau der Zweigbahn von der Leipzig-Dresdner Eisenbahn-Compagnie ausgeführt und der beiderseitige Verkehr in der gewünschten Weise eingerichtet werden sollte, und behielt die Bestimmungen wegen der Betriebsübernahme und Theilung der Einnahme, wie Unterhaltung der Bahn, späterer Ver-

handlung vor, indem Berlin-Anhalt, das wegen des bereits von Jüterbogk aus nach der sächsischen Grenze in Angriff genommenen Bau's
drängte, sich zur Uebernahme desselben auch für die sächsische
Strecke für Rechnung der Leipzig-Dresdner Eisenbahn-Compagnie
bereit erklärte, im Uebrigen aber bei seiner Forderung hinsichtlich
der Antheile an den Fahr- und Frachttaxen beharrte. Inzwischen
war am 30. October 1847 die die Concession der Regierung für den
Bau der Zweigbahn enthaltende Verordnung eingegangen, allein mit
Bedingungen, von denen das Directorium erklären musste, dass es in
denselben die Geneigtheit der Hohen Staatsregierung nicht zu
erkennen vermöge, der Leipzig-Dresdner Eisenbahn-Compagnie
diesen Bau zu erleichtern. Namentlich waren es drei Punkte, die als
besonders erschwerend erschienen: erstens die Regulirung der Ver-
kehrsverbindung der Zweigbahn im Verhältniss zur Chemnitz-Riesaer
Bahn, indem letztere als die Hauptbahn und die Röderauer Zweigbahn
nur als Fortsetzung derselben aufgefasst und die Einrichtung des Betriebs auf dieser hauptsächlich mit Rücksicht auf jene gefordert wurde;
zweitens das Verhältniss der Zweigbahn zur Königlichen Postanstalt,
wobei nicht nur die Zusage der Einrichtung eines Nachtdienstes im Fall
sich herausstellenden Bedürfnisses, sondern auch besondere Entschä-
digungen für einen Poststationsinhaber und das Postregal bedungen
waren; drittens der Vorbehalt des Ankaufs der Zweigbahn Seiten des
Staats, welcher, mit Rücksicht auf von den Ständen bei Ertheilung
von Eisenbahnconcessionen gestellte Anträge, vor Ablauf des 25. Be-
triebsjahres nach Eröffnung der ganzen Bahnlinie, gegen Erstattung
des nachweislich in dieselbe verwendeten Anlagecapitals, vorbehalten
war. Wiederholte Vorstellungen hiergegen führten zwar einige Modificationen dieser Concessionsbedingung herbei, der Gesellschafts-
Ausschuss erklärte sich jedoch dahin, dass er unter diesen Bedingungen, wie unter den in der letzten Conferenz mit der Berlin-Anhaltischen Eisenbahn-Gesellschaft getroffenen Bestimmungen, sich für
Uebernahme des Bau's nicht aussprechen könne, sondern anderweite
entsprechendere Vorlagen erwarten müsse. In einer am 21. Febr. 1848

in Dresden mit den Staatsministern der Finanzen und deš Innern
sowie einigen Räthen einerseits und Deputirten des Directoriums
andererseits stattgefundenen mündlichen Verhandlung wurden die
hauptsächlichsten Beschwerdepunkte der Concession in einer Weise
modificirt, bei welcher die Compagnie sich wohl beruhigen konnte. —
Indessen traten die Ereignisse des Jahres 1848 mit ihren für den
Geldmarkt so drückenden Wirkungen ein, und hieran scheiterte die
Ausführung des Bau's Seiten der Leipzig-Dresdner Eisenbahn - Compagnie, da sowohl die Berlin-Anhaltische Eisenbahn-Gesellschaft von
ihrem früheren Erbieten, den Bau für Rechnung der Leipzig-Dresdner
Eisenbahn-Compagnie auszuführen, beziehentlich den hierzu erforderlichen Vorschuss zu gewähren, zurücktrat, als auch von der Staatsregierung eine nachgesuchte Subvention zu erlangen, bei den Zeit-
umständen nicht erwartet werden konnte, während der Gesellschafts-
Ausschuss seine Erklärung dahin abgab, dass die Compagnie sich
unter den obwaltenden Umständen ausser Stande befinde, den Bau
für jetzt oder überhaupt zu einer schon jetzt festzusetzenden bestimmten Zeit zu übernehmen. Er betrachtete es hierbei für einen glücklichen
Zufall, dass die Leipzig-Dresdner Eisenbahn-Compagnie nicht in den
Fall gekommen sei, kurz vor Eintritt der damaligen politischen
Ereignisse eine Verbindlichkeit zu übernehmen, deren Erfüllung die
ernstlichsten Verlegenheiten hätte herbeiführen können. Letztere
Auffassung konnte das Directorium nicht theilen, sondern hielt vielmehr die Ausführung der kurzen Verbindungsbahn für die Hauptbahn
für so wichtig, um sie unter allen Eventualitäten zu übernehmen.
Auch die Regierung äusserte sich durch ihren Commissar auf die
vom Directorium abgegebene ausweichende, jedoch als ein Verzicht
erachtete Erklärung dahin, dass sie auf eine directe Betheiligung der
Leipzig-Dresdner Eisenbahn-Compagnie bei Herstellung des sächsischen Tracts der Jüterbogk-Riesaer Eisenbahn besondern Werth
gelegt und dieser jeder andern Ausführung den Vorzug gegeben
haben würde. Indessen müsste der bei diesem Unternehmen im Auge
gehabte Zweck vorangehen, an dessen baldigster Erreichung die

Gesellschaft selbst ein Interesse und wofür die Regierung der Preussischen gegenüber Verpflichtungen übernommen habe. Es wurde deshalb der Berlin-Anhaltischen Eisenbahn-Gesellschaft, welche bereits im Februar 1848 eventuell darum nachgesucht und sich hierbei im Besitz der zur Ausführung nöthigen Geldmittel erklärt hatte, unterm 9. Juni 1848 die Concession zum Bau auch des sächsischen Theils der Jüterbogk-Riesaer Anschlussbahn ertheilt. Der Bau sollte bis spätestens Ende October 1848 beendet sein und der Anschluss an die Leipzig-Dresdner Eisenbahn durch eine Verzweigung (2 Curven von mindestens 1000 Ellen radius) so bewirkt werden, dass der einzurichtende directe Personen- und Güterverkehr in der Richtung von Berlin nach Leipzig und Dresden und umgekehrt ohne längern als für den Betrieb erforderlichen Aufenthalt und möglichst ohne Wagenwechsel bewirkt werden könnte, auch für die Strecke Berlin-Röderau die Taxe nicht höher gestellt werden, als wie für die Strecke Berlin-Cöthen; Punkte, die namentlich mit Rücksicht auf die Leipzig-Dresdner Eisenbahn vorgesehen waren und über welche der abzuschliessende Vertrag der Regierung vorgelegt werden sollte. Das Ankaufsrecht war gleichfalls vorbehalten worden. — Wegen Vereinigung über den directen Personenverkehr und insbesondere den Wagendurchgang von Berlin über Röderau nach Leipzig fanden noch verschiedene Verhandlungen statt, die endlich dazu führten, dass keine Route vor der andern bevorzugt und somit der Wagendurchgang zunächst weder über Cöthen noch über Röderau eingerichtet werden sollte.

Am 1. October 1848 wurde die Jüterbogk-Riesaer Anschlussbahn vollständig dem Betriebe übergeben. Die ersten Jahre brachten jedoch noch nicht den gehofften Verkehr, hauptsächlich in Folge der Zeitverhältnisse (Aufstand in Dresden und dergl.); auch konnte dem Leipziger Verkehr nach und von Berlin erst nach einem Concurrenzkampf mit der Route über Cöthen der ihm gebührende Antheil durch eine Vereinigung gesichert werden.

Ausser den vorgedachten beiden Bahnen waren in dieser Periode noch folgende an die Leipzig-Dresdner Bahn anschliessende eröffnet

worden: die Sächsisch-Bayersche Bahn von Leipzig nach Hof, streckenweise zuerst am 19. September 1842 und vollständig am 16. Juli 1851;
die Sächsisch-Schlesische Bahn von Dresden nach Görlitz führend, in
ihrer ersten Strecke am 17. November 1845 und vollständig am
1. September 1847, die Chemnitz-Riesaer, streckenweise zuerst am
30. August 1847 und vollständig am 2. September 1852. Diese
Bahnen waren alle drei von Actiengesellschaften unternommen, später
aber, als die Ungunst der Zeitverhältnisse und Mangel an hinreichenden Capitalien ihre Fortführung und Vollendung oder den Weiterbe-
trieb zu gefährden schienen, von dem Staat für eigene Rechnung
übernommen worden.

Nachdem inzwischen auch Eisenbahnlinien in den übrigen Theilen
Deutschlands ausgebaut waren und immer mehr grössere Routen entstanden, war es nur eine natürliche Folge der gemeinsamen Interessen,
dass die Verwaltungen zu einer Vereinigung zusammen traten, mit dem
Zwecke, ihre Bestrebungen durch Einmüthigkeit zu fördern und dadurch ebenso sehr ihr Interesse als das des Publikums zu wahren.
Die Veranlassung zu einer solchen Vereinigung, welche zunächst nur
die concessionirten preussischen Eisenbahn-Gesellschaften umfassen
sollte und sich in einer unterm 10. November 1846 in Berlin stattfindenden Conferenz von 10 Directionen solcher Verwaltungen constituirte,
ging von der Berlin-Stettiner Eisenbahn-Gesellschaft aus. In einer
zweiten erweiterten Conferenz am 28. und 29. Juni 1847 in Cöln
wurde der Antrag, die sämmtlichen deutschen Eisenbahn-Verwaltungen zum Beitritt einzuladen, angenommen, und die nächste Conferenz in Hamburg am 29. November 1847 sah bereits 40 Eisenbahn-
Verwaltungen, darunter auch die Leipzig-Dresdner durch Adv. Einert,
Consul Hirzel und den Bevollmächtigten Busse vertreten, in Gemässheit der in Cöln getroffenen Vereinbarung versammelt. Die Tagesordnung umfasste ausser dem Geschäftsreglement, das den Verein
als eine freie, durch Majoritätsbeschlüsse nicht gebundene Vereinigung für Erreichung gemeinsamer Zwecke erscheinen lässt, insbesondere die Berathung der Entwürfe eines gemeinsamen Perso-

nen- und Güter-Reglements nebst einheitlicher Classification und Tarifirung. Das Directorium nahm in Folge dessen Veranlassung, an alle deutschen Eisenbahn-Verwaltungen mittelst Circulars einen Antrag auf Bestimmung und Publikation fester Lieferfristen zu richten, indem es zugleich seinerseits in einer Bekanntmachung vom 26. December 1847 für die gewöhnlichen Frachtgüter eine Lieferzeit von höchstens 24 Stunden, von der Abgangsstunde desjenigen Güterzugs an gerechnet, für welchen die betreffenden Waaren rechtzeitig und ordnungsgemäss eingeliefert waren, für die Leipzig-Dresdner Eisenbahn festsetzte und nur für die Messzeiten eine Verlängerung um 12 Stunden sich vorbehielt.

Die nächste Generalversammlung des Vereins deutscher Eisenbahn-Verwaltungen, welche am 21. August 1848 in Wien abgehalten werden sollte, fand vom 11. bis 13. September des gedachten Jahres in Dresden statt. Die Tagesordnung derselben zeigte ausser der wiederholten Berathung des Reglements für den Personen- und Güterverkehr, das nicht von allen Verwaltungen angenommen war, namentlich auch die Zusammenstellung von Grundsätzen für ein neues Eisenbahn-Gesetz, worüber der deutschen Nationalversammlung Vortrag erstattet werden sollte, ferner die Frage der Portofreiheit der Correspondenz der vereinten Eisenbahn-Verwaltungen, Anträge des Vereins der Eisenbahnbeamten an die Verwaltungen, namentlich über ihre Dienststellung und Pensionirung, und mehrere andere Gegenstände. Aus den Berathungen dieser Generalversammlung gingen insbesondere die vom 1. Januar 1849 an gültigen Normalbestimmungen hinsichtlich der Personen-, Gepäck-, Equipagen-, Pferde- und Viehbeförderung hervor, die in den besonderen Reglements der einzelnen Bahnen aufgenommen werden sollten, während erst die nächstjährige Generalversammlung in Wien im October 1849 sich über ein gemeinschaftliches Reglement für den Güterverkehr vereinigte, das als gültig vom 1. Juli 1850 ab publicirt wurde. Hierdurch wurde von den 42 vereinigten Eisenbahnverwaltungen die directe Beförderung von Gütern von und nach allen für den directen

Güterverkehr bestimmten Stationen, ohne Vermittelung des Absenders oder Empfängers wegen des Uebergangs von einer Eisenbahn auf die andere, genehmigt. Ausserdem waren darin Bestimmungen über die An- und Ablieferung der Güter, die Frachtbriefe und deren Inhalt, die Zahlung der Fracht, die verschiedenen Beförderungsweisen, ob in Eil- oder gewöhnlicher Fracht, und insbesondere über die Gewährleistung bei Beschädigungen und Gewichtsdefecten enthalten. Für letztere wurde ein Gutgewicht von 1 resp. $2^0/_0$ bedungen, und bei Verlust oder Beschädigung ein Normalsatz von 20 Thlr. per Ctr. angenommen, der auch auf der Leipzig-Dresdner Eisenbahn bereits im Jahre 1849 eingeführt war, für höhere Werthdeclarationen dagegen ein Frachtzuschlag berechnet, der bei Versicherung von 20 bis 50 Thlr. $2^0/_0$ der Fracht, bei Versicherungen von 50 bis 100 Thlr. $4^0/_0$ u. s. f. betrug. Die Leipzig-Dresdner Eisenbahn-Compagnie trat den Beschlüssen des Vereins bei, indem das Directorium erklärte, Maassregeln, die zur Erleichterung, Beschleunigung und Sicherung des Verkehrs dienten, stets zur Ausführung zu bringen, wobei es nur beklagte, dass die Sonderinteressen so vieler Verwaltungen der Behandlung gemeinschaftlicher Fragen und der Fassung gemeinnütziger Beschlüsse manche Schwierigkeiten entgegenstellten.

In der Gestaltung der inneren Verhältnisse der Leipzig-Dresdner Eisenbahn-Compagnie hat diese Periode wesentliche Veränderungen nicht gebracht. Es wurde zwar in der 9. Generalversammlung am 29. März 1843 ein Antrag auf Erwählung einer besonderen Deputation aus der Mitte der Actionaire gestellt, welche sich mit der gründlichen Abänderung und Ergänzung des Gesellschaftsstatuts beschäftigen, 2 Monate hindurch die darauf bezüglichen Anträge Einzelner prüfen und am Schlusse des 3. Monats einen sachgemässen Entwurf einer für diesen Zweck einzuberufenden Generalversammlung zur Beschlussnahme vorlegen sollte, und gleiche Anträge auf theilweise Abänderung der Statuten in der 10. Generalversammlung am 30. März 1844 und vom 27. März 1850 wiederholt. Diese Anträge fanden jedoch keine Annahme. Dagegen wurden die beiden bereits oben gedachten Nachträge zu §. 48 — Remuneration der Directoren betreffend — und zu §. 63 — bezüglich der Anlegung und Verwendung des Reservefonds — angenommen und bestätigt.

Die im Organisationsplan vorgesehene Pensions- und Unterstützungscasse, welche besonders geeignet sein musste, der Compagnie tüchtige Beamte zu gewinnen und zu erhalten, und durch die Natur des Eisenbahndienstes bedingt erschien, trat mit einem durch besondere Zuweisungen angesammelten Capital von 5000 Thlr. ins Leben. Ausser den von der Compagnie zugesicherten Zuschüssen an Straf- und Pfandgeldern, Gratificationen und dergleichen, hatte jedes Mitglied als regelmässigen Beitrag $1^2/_3$ °/₀ seines Gehalts bis zum Betrage von 300 Thlr. per Jahr zu zahlen und bei eintretender Invalidität für seine Person Anspruch auf höchstens $^1/_3$ des versteuerten Gehalts, die hinterlassene Wittwe auf die Hälfte, resp. ein Dritttheil des höchsten Pensionsantheils, die Kinder, so lange die Mutter lebte, auf den übrigen Theil und nach deren Tode auf den ganzen Pensionsbeitrag bis zum 18. Lebensjahre. Diese Bestimmungen waren allerdings den, derartigen Cassen zu Grunde zu legenden, Wahrscheinlichkeitsberechnungen nicht durchweg entsprechend und man hat später auch eine Revision und Umarbeitung der Statuten eintreten lassen, allein es walteten hierbei andere Verhältnisse ob, als bei einem durch Private gegründeten derartigen Unternehmen, das lediglich auf sich angewiesen ist.

In den die Compagnie betreffenden Personalverhältnissen zeigt diese Periode folgende Veränderungen:

Der Kreisdirector Dr. von FALKENSTEIN, im Jahre 1844 als Minister des Innern nach Dresden berufen, verliess Leipzig und schied somit auch aus seiner Stellung als Regierungs-Commissar bei der Leipzig-Dresdner Eisenbahn-Compagnie. Um hierbei der Anerkennung seiner Verdienste um die Compagnie Ausdruck zu geben, geleiteten ihn Directoren und Gesellschaftsausschuss mittelst besonderen Extrazugs am 30. August 1844 nach Dresden. An seine Stelle trat der neuernannte Kreisdirector von Broizem, der in der Generalversammlung vom 18. März 1845 die Begrüssung des Vorsitzenden mit der Versicherung seines Interesse für das Beste der Gesellschaft erwiederte und dieses Interesse gleicher Weise bethätigt hat.

Im Directorium trat im Jahre 1839 an Stelle des ausscheidenden stellvertretenden Mitglieds C. W. Morgenstern der Kramermeister C. F. W. Löcke. Im Jahre 1842 sah sich durch seine Stellung im Directorium der Sächsisch-Bayerschen Eisenbahn-Gesellschaft Wilhelm Seyfferth veranlasst, aus dem Directorium auszutreten; statt seiner wurde der Stadtrath Friedrich Fleischer gewählt. In demselben Jahre wählte bei dem regelmässigen Turnus der Ausschuss den Consul C. Hirzel-Lampe, bisher stellvertretendes Mitglied, als ordentliches Mitglied, während Albert Dufour-Feronce als Stellvertreter im Directorium verblieb. Im Jahre 1844 schied Dr. Wilh. Crusius als ordentliches Mitglied aus, behielt aber bis 1847 die Function als Stellvertreter, während Prof. Erdmann 1844 als ordentliches Mitglied und im Jahre 1847 Wilhelm Seyfferth als Stellvertreter wieder gewählt wurde. An Stelle des im Jahre 1844 ausscheidenden Stellvertreters C. F. W. Löcke trat Gustav Halberstadt in das Directorium. Den Vorsitz in demselben hatte auch in dieser Periode Gustav Harkort, während als Stellvertreter desselben in den Jahren 1841 bis 1848 der Adv. Wilh. Einert und im Jahre 1849 der Professor Erdmann fungirten.

Im Gesellschaftsausschuss wechselte der Vorsitz zwischen Aug. Olearius und dem Stadtrath Dr. Vollsack.

Ende 1843 gab der bisher als Ober-Ingenieur der Bahn fungirende Geh. Baurath Kunz diese Stellung in Folge seiner veränderten Wirksamkeit im Staatsdienste auf. In der Generalversammlung am 30. März 1844 widmete ihm der Vorsitzende noch einen warmen Nachruf der Anerkennung seiner Verdienste. Die Stelle des Oberingenieur wurde damals unbesetzt gelassen. Der als Gehülfe des

Bevollmächtigten angestellte Kaufmann Willhöft, dessen Thätigkeit und Umsicht anerkannt wurde, starb im Jahre 1842. Der Maschinenmeister Kirchweger ging im Jahre 1842 in die Dienste der Sächsich-Bayerschen Eisenbahn-Compagnie über; an seine Stelle trat der jetzt noch im Dienst der Compagnie stehende Maschinenmeister Nagel. — Von den Ingenieuren schieden Dietz in Leipzig und Burgart in Dresden aus. An des Ersteren Stelle trat Pöge, früher Ingenieur-Assistent und später beim Fahrdienst verwendet, und an des Letzteren der Ingenieur Sergel in Riesa, wo der bisherige Vorstand der Kokebrennerei, der vormalige Obersteiger Schneider, den Posten als Ingenieur erhielt. —

Von Unglücksfällen ist zu bemerken: ein Zusammenstoss in Wurzen am 12. April 1839, wobei ein Passagier verletzt wurde, der hieraus Ansprüche herleitete, die auf gütlichem Wege durch Uebernahme der Kurkosten, jedoch nur „aus Billigkeitsrücksichten", erledigt wurden. Ein Lokomotivführer erlitt 1842 den Tod durch eigene Unvorsichtigkeit. Von den Maschinen wurden die eine „R. Stephenson," wegen falscher Weichenstellung auf dem Anhaltepunkt Kötschenbroda bedeutend beschädigt; bei einer andern, „Windsbraut," explodirte der Kessel, ohne weitere nachtheilige Folgen. —

Das Jahr 1849 schloss mit einer Einnahme von 792,718 Thlr. 3 Ngr. 9 Pf. und einer Ausgabe von 388,138 Thlr. 19 Ngr., wovon ausser den Zinsen und sonstigen in Abzug kommenden Posten eine Superdividende von 2 $^0/_0$ vertheilt werden konnte.

IV.

Die folgende Zeit zeigt für die Leipzig-Dresdner Eisenbahn die Erfüllung der von ihr gehegten Voraussetzungen und Hoffnungen in einer Weise, welche zur Zeit des Baus und in den ersten Betriebsjahren kaum zu erwarten war und die für die Mühen, Sorgen und Opfer der ersten Zeit hinreichende Entschädigung bot.

Es traten die heilsamen Folgen und Wirkungen der Priorität des Unternehmens zu Tage, indem dasselbe nicht nur inmitten einer tüchtigen und gewerbfleissigen Bevölkerung, als Band zwischen zwei blühenden Städten die Wohlthaten einer Eisenbahnverbindung früher als in andern Gegenden Deutschlands im allseitigen Interesse bewährte, sondern auch als fertiges und bereits im Innern ausgebildetes Glied in nach und nach sich bildende Eisenbahnlinien eintrat, die den Verkehr zwischen Osten und Westen, zwischen Süden und Norden Deutschlands vermittelten und auf denen Transporte sich bewegten, von deren Bedeutung und Massenhaftigkeit man vorher kaum eine Ahnung gehabt hatte. Die günstige Lage der Leipzig-Dresdner Bahn, ihre Verbindung mit andern Bahnen sicherten ihr hierbei einen grossen Antheil und führte ihr manchen Verkehr zu, der seinen natürlichen Ausgangs- und Zielpunkt nach sonst eine andere Route genommen haben würde und nur erst nach und nach durch neu entstehende Linien ihr zum Theil entzogen werden konnte, ohne dass jedoch ein wesentlicher Einfluss auf die Frequenz zu bemerken gewesen ist. Was sogenannte Concurrenzbahnen, in der Regel durch die geographischen und Verkehrsverhältnisse vorgeschriebene neue Linien, mitunter allerdings auch künstliche Combinationen und Coalitionen, auf der einen Seite abzogen, das wurde auf der andern theils durch neu entstehende Bahnen, theils durch die gesteigerten Handels- und Verkehrsbeziehungen wieder ersetzt.

Es war eine natürliche Folge der Entwickelung des Verkehrs, dass die früher einfachen Verhältnisse des Personen- und Güter- transports jetzt für die Bahnen verwickelter wurden, so dass die ein- zelne Bahn sich nicht mehr als eine für sich bestehende abgeschlossene Transportanstalt erhalten, nicht blos auf den Lokalverkehr sich beschränken konnte, sondern mit andern, unmittelbar anschliessen- den oder weiter in derselben Richtung liegenden, Bahnen sich ver- binden und Maassregeln wegen gegenseitiger Abnahme und Ueber- gabe transitirender Güter, wegen Durchgangs der Wagen, wegen gleicher Classification und Tarifirung treffen musste. Der Anfang für die Leipzig-Dresdner Eisenbahn hierzu war bereits in der vorigen Periode durch Vereinigung mit einigen Anschlussbahnen und durch den Beitritt zu dem Verein deutscher Eisenbahnverwaltungen ge- macht. Doch waren diese Vereinigungen noch wenig ausgebildet, denn in der Regel fand weder eine Ausgabe directer Billets für den Personenverkehr, sondern nur der Verkauf von Zuschlagbillets statt, noch wurden die Güter über die Gebiete mehrerer Bahnverwaltungen hinaus direct kartirt oder in durchgehenden Wagen befördert.

Die erste Vereinigung mehrerer Eisenbahnen, welche dem Publikum gegenüber als eine einheitliche Verwaltung erschien und gleichmässige Bestimmungen für den Verkehr auf den bezüglichen Bahnstrecken einführte, war der sogenannte **norddeutsche Verband**, im Jahre 1848 zunächst durch die Verwaltungen der zwischen Berlin und Leipzig einerseits und Cöln andrerseits führenden Bahnen be- gründet. Diesem trat im Jahre 1852 die Leipzig-Dresdner Eisen- bahn bei, nachdem sie durch Eröffnung der Sächsisch-Böhmischen Bahn für den Verkehr von und nach Oesterreich und, im Anschluss an die Sächsisch-Schlesische Bahn, für den Verkehr von und nach der Lausitz das vermittelnde Band geworden war, welch beide Ver- kehre rücksichtlich der Güter vom Rhein, den Nordseestädten und Magdeburg durch die Route über Berlin und Breslau resp. Görlitz bedroht schienen. Sie kam dadurch mit ihren Stationen Dresden und Riesa in directen Güter- und Personenverkehr mit den Hauptstationen der Mageburg - Halberstädter, der Herzoglich Braunschweigschen, der Königlich Hannoverschen und der Cöln - Mindner Bahn. Die Endpunkte waren Cöln - Deutz einerseits und Bremen - Harburg andrerseits. Dieser directe Verkehr wurde sodann über die Rheinische, Belgische und Französische Nord - Bahn bis Paris, sowie über die Niederländisch - Rheinische Bahn, und für den Personenverkehr über Calais und Ostende nach London ausgedehnt.

Der Zweck und die dadurch bedingte Organisation dieses Verbands besteht im Wesentlichen darin, dass die denselben bildenden Bahnen die Beförderung von Gütern und Personen nach bestimmten Stationen derselben gleichwie nach den Stationen der eigenen Bahn übernehmen, demnach eine einheitliche Taxe dafür zu Grunde legen, Gepäck wie Güter direct bis an die Bestimmungsstation expediren, so dass es weder einer Vermittelung noch einer anderweiten Frachtberechnung von einer Bahn zur andern bedarf, combinirte Fahrbillets ausgeben und gewisse anschliessende Personen- wie Güterzüge organisiren. Zu diesem Behufe findet eine gleiche Classification der Güter für die Verbandsstrecken statt, gleiche reglementarische Bestimmungen gelten, der Wagendurchgang ist nach einem besonderen Reglement ebenfalls geordnet und die Frachten sowie die Miethen für die übergehenden Wagen werden durch ein gemeinschaftliches Abrechnungs- Büreau berechnet und ausgeglichen. Kann man den Verband auch nicht als eine Gesellschaft im rechtlichen Sinne betrachten, so verfolgen die denselben bildenden Verwaltungen doch gemeinschaftliche Interessen mit gemeinschaftlichen Einrichtungen, die im Wesentlichen dem Publikum zu Gute kommen, dem schneller und billiger Transport dadurch garantirt wird. In Conferenzen der Directionen wie der technischen und Rechnungsbeamten der betreffenden Verbands-Verwaltungen werden die einschlagenden Fragen des gemeinschaftlichen Verkehrs berathen und im Wege freier Vereinbarung erledigt.

Der norddeutsche Verband hat durch seine Organisation, die Pünktlichkeit und Promptheit der Beförderung, die Massenhaftig-

keit der über ihn gehenden Transporte eine bedeutende Stellung im
Eisenbahnsystem erlangt. Beispielsweise betrug im Jahre 1862 die
Gesammtabrechnungssumme im Verband 7,471,810 Thlr. 3 Sgr. 10 Pf.
Für die Leipzig-Dresdner Bahn war er namentlich in den Jahren,
wo die westlichen Eisenbahnlinien, von Prag und Wien ab, noch
nicht hergestellt waren, von sehr grosser Bedeutung, wie der rasche
Aufschwung des Verkehrs vom Jahre 1854 ab zum Theil dieser
Verbindung mit zuzuschreiben ist. Der erste Frachttarif des Nord-
deutschen Verbands enthielt Eilgut, Normalgut und ermässigte
Classen, für welche der Satz bis zu 3 Spf. per Centner und Meile
herabging. Nach den sich entwickelnden Verkehrsverhältnissen ist
dieser Tarif mehrfach herabgesetzt und die Classification vervielfacht
worden, so dass zur Zeit die Sätze von 10 Spf. — Eilgut — bis zu
$1\frac{1}{2}$ Spf. herab (Cl. F) per Centner und Meile betragen.

Nach dem Vorgang des norddeutschen Verbands bildeten sich
bald andere Verbände. Der nächste war der sogenannte **mitteldeutsche**, welcher auf Anregung der Direction der Thüringischen
Eisenbahn-Gesellschaft im Jahre 1851 zunächst zwischen dieser und
den Verwaltungen der Kurfürst Friedrich-Wilhelms-Nordbahn und
der Main-Weserbahn — Endpunkte Frankfurt a/M. und Halle — begründet wurde. Bei seiner Ausdehnung auf die Berlin-Anhaltische,
Magdeburg-Leipziger-, Main-Neckar- und die Badische Staatsbahn,
wodurch der Verkehr von Basel und Strassburg ab Verbandsverkehr wurde, sah sich auch das Directorium veranlasst, im Jahr 1852
demselben beizutreten. Zunächst auf den Güterverkehr beschränkt,
wobei drei Classen mit den Sätzen von 10, 5 und 4 Spf. per Ctr. und
Meile zu Grunde gelegt wurden, traten die Stationen Dresden und
Riesa mit den auf den gedachten Eisenbahnen zwischen Weimar, später
Gerstungen, Kehl und Basel gelegenen Hauptstationen, wozu seit 1854
auch noch die der Württembergischen Eisenbahn kamen, in Verbandsverkehr, der in ähnlicher Weise geregelt war, wie im norddeutschen Verbande. Der directe Güterverkehr wurde von 1856 an
in gleicher Weise nach französischen Stationen bis Paris, Rouen,

le Hâvre, Dieppe, Boulogne etc. ausgedehnt, ist aber in neuester Zeit für die Leipzig-Dresdner Eisenbahn, zur Vereinfachung des Expeditionswesens, auf Strassburg beschränkt worden.

Directer Personenverkehr für Stationen des mitteldeutschen Verbands trat von Dresden ab seit dem Jahre 1854 in's Leben. In denselben und beziehentlich auch directen Güterverkehr traten im Laufe der Zeit ausserdem an mitteldeutsche Verbandsbahnen anschliessende Bahnen, wie die Taunus-, die Rhein-Nahe-, die Nassauische Staats-Bahn, die Schweizerische Nordostbahn, ohne dass dieselben jedoch zu dem Verbande gehörten, während andere Eisenbahn-Verwaltungen, wie die Magdeburg-Wittenbergische, Magdeburg-Halberstädter, Herzoglich Braunschweiger, Königlich Hannoversche, Berlin-Hamburger, Lübeck-Büchener und Berlin-Stettiner beitraten, deren Strecken jedoch ohne Einfluss für diesen Verbandsverkehr der Leipzig-Dresdner Eisenbahn waren. Die Classification der Güter ist gleichfalls mannigfaltiger geworden und ein Herabgehen bis auf 2 Spf. per Ctr. und Meile für die niedrigste Güterclasse eingetreten. Die Gesammtabrechnungssumme dieses Verbandverkehrs, jedoch exclusive der Wagenmiethen, hat im Jahre 1862 die Summe von 2,865,548 Thlr. 7 Sgr. 8 Pf. betragen.

Ausser diesen organisirten Verbänden wurden noch Vereinigungen wegen directer Verkehre mit gleicher Classification und einheitlichen Frachtsätzen sowie bestimmten Lieferfristen nach den verschiedensten Richtungen hin getroffen, die theils durch die Verkehrsentwickelung, theils durch Concurrenzen geboten erschienen. So mit der Berlin-Anhaltischen Bahn rücksichtlich des Verkehrs zwischen Leipzig und Berlin über Röderau, der nach Eröffnung der directen Berlin-Leipziger Bahn via Bitterfeld im Jahre 1859 in Wegfall kam; ferner zwischen Dresden und Berlin und über Berlin hinaus mit Lübeck, Schwerin, Rostock, Wismar, namentlich aber mit Stettin und Hamburg. Zugleich wurde von letztgedachtem Orte wie von Berlin aus, gegenüber der Route via Breslau, Güterverkehr nach Oesterreich mit directen Frachtsätzen bis Bodenbach unter Umexpedition in Dresden eingerichtet. Eine andere Concurrenz für den Hamburg-Oesterreichischen beziehentlich Bremen-Harburg-Oesterreichischen Verkehr via Dresden, erwuchs aus der Eröffnung der Kaiserin Elisabeth West- und der Bayerschen Ostbahn, welche im Verein mit der dabei interessirten Hannoverschen Staatsbahn und den übrigen dazwischen liegenden Bahnen den Verkehr von Harburg beziehungsweise Bremen, über ihre Route zu lenken bestrebt sind, so dass sich derselbe von den genannten Städten nach Oesterreich, insbesondere Wien und Ungarn auf drei, resp. vier Linien, den Wasserweg der Elbe mitgerechnet, vertheilt. Es mag diess hier nur als ein Beispiel der verschiedenen bei einem Verkehre in Frage kommenden Verhältnisse angeführt werden und für das System der Differentialfrachten, worauf noch mit einigen Worten eingegangen werden soll, zur Erklärung dienen.

Im Jahre 1853 wurde ferner ein directer Verkehr zwischen Stationen der Leipzig-Dresdner Eisenbahn und der Sächsich-Westlichen Staatsbahn, sowohl für Personenbeförderung als Gütertransport eingeleitet, der sich zum Theil umgestaltete, nachdem im Jahre 1858 die Niedererzgebirgische Eisenbahn zwischen Zwickau und Chemnitz vollendet war. Es wurde dadurch der Verkehr jenseits Gössnitz von und nach Dresden theils über Riesa und Chemnitz, theils über Leipzig dirigirt, und zwischen Leipzig und Chemnitz trat die Route via Riesa und die Route über Gössnitz in Concurrenz. Ueber die Sächsisch-Westliche Staatsbahn hinaus wurde seit 1856 zwischen Dresden und beziehentlich, bis 1858, Riesa, ein directer Güter- sowie Personenverkehr mit Königlich Bayerschen Eisenbahn-Stationen eingerichtet, der bis Salzburg, Lindau und auf schweizerische Stationen ausgedehnt, auch in Mitbewerbung gegen den mitteldeutschen Verbandsverkehr bis auf Frankfurt a/M., Darmstadt und Mainz, und, nach Ausbau der bezüglichen Linien, auf Stationen der Hessischen Ludwigsbahn, der Pfälzischen Bahnen, der Rhein-Nahe-Bahn, der Königlich Saarbrückener und Saarbrücken-Trier-Luxemburger Bahn sowie der Französischen Ostbahn bis Paris erstreckt wurde.

Ausserdem wurden noch besondere directe Verkehre zwischen Dresden und Riesa einerseits und Magdeburg, sowie den Stationen der Thüringischen Bahn andererseits eingerichtet, ferner ein directer Güterverkehr mit dem Rheinisch-Thüringischen Verband, dessen Endpunkte Leipzig und Aachen sind und der durch die Thüringische, Kurfürst Friedrich Wilhelms Nordbahn, Westphälische, Bergisch-Märkische und Aachen-Düsseldorf-Ruhrorter Eisenbahn gebildet wird, ingleichen auf der Route Dresden-Deutz (Köln) via Giessen, nach Vollendung der Deutz-Giessener Bahn, in neuester Zeit ein directer Güter- und Personenverkehr vereinbart.

Die Verkehre nach Osten von Leipzig als Anfangspunkt aus sind nicht so mannigfaltig und beziehen sich nach Aufhebung des Berliner Verkehrs via Röderau auf einige Stationen zwischen Röderau und Jüterbogk auf directen Personen- und Gepäckverkehr nach Stationen der Sächsischen östlichen Staatsbahn, sowie der k. k. österreichischen Staats-, der Kaiser Ferdinands Nord- und der Aussig-Teplitzer Bahn, namentlich aber auf den Verkehr nach Schlesien mit Stationen der Niederschlesisch-Märkischen, der Oberschlesischen, der Breslau-Schweidnitz-Freiburger und der Niederschlesischen Zweigbahn.

Aus dieser kurzen Aufzählung, wobei noch einige Transito-Verkehre unberücksichtigt gelassen sind, mag hervorgehen, welchen Umfang der Personen- und Güterverkehr angenommen hat und welcher Einrichtungen es bedarf, um denselben zu bewältigen. In Dresden, die hierbei am stärksten betheiligte Station, hat die Billetexpedition nach 202 Stationen mit 830 Sorten Billets und die Güterexpedition nach 430 Stationen im directen Güterverkehr zu expediren. Obwohl nun in den Grundbestimmungen, in Folge des Vereinsgüterreglements und der Normalbestimmungen für den Personen- und Gepäckverkehr, eine gewisse Uebereinstimmung herrscht, so sind doch die Classificationen, die Tarife, die Berechnungsweisen, die Bestimmungen für die Benutzung der Wagen, die Rapportirungen, die Beobachtung der Zollgesetze und sonstige Expeditionsvorschriften fast bei allen Verkehren mehr oder weniger verschieden, wozu noch kommt, dass nach einem Orte oft mehrere Routen führen. Im Allgemeinen muss man drei Verkehrsarten unterscheiden: den Verbands- und die directen durchgehenden Verkehre, geordnet durch besondere Reglements und Tarife unter den verschiedenen auf der Route liegenden Eisenbahnverwaltungen, den Vereinsgüterverkehr, d. h. den Güterverkehr von Bahn zu Bahn innerhalb des Gebiets des Vereins der deutschen Eisenbahn-Verwaltungen, zunächst auf das Vereinsgüter-Reglement sich stützend, und den Lokal-, d. h. den auf die Stationen der eigenen Bahn sich beschränkenden, Verkehr. Die für letzteren geltenden Bestimmungen finden in der Regel auch für den Vereinsverkehr statt, nur dass hier anstatt der Ablieferung an den Adressaten, die Abgabe an die sich anschliessende Bahnverwaltung erfolgt.

Das Abrechnungswesen mit den andern Eisenbahn-Verwaltungen und die Controle hat in Folge dieser verschiedenen Verkehre eine Ausdehnung erhalten, welche gegenüber den einfachen Verhältnissen der ersten Betriebsjahre einen Vergleich kaum mehr zulässt. Für die mit der Benutzung der Wagen fremder Bahnen auf diesseitiger und der eigenen Wagen auf fremden Bahnen verbundenen Verhältnisse, insbesondere die Einhaltung der Benutzungsfristen, die Berechnung der Achsmiethen nach Meilen u. dergl. — wofür die allgemeinen Grundsätze durch ein in der Generalversammlung des Vereins der deutschen Eisenbahnverwaltungen vom Jahre 1853 angenommenes Statut normirt wurden, während diese in den einzelnen Verbänden durch besondere Reglements theilweise modificirt oder ergänzt sind — wurde im Jahre 1851 die Wagencontrole eingerichtet. Nachdem hierbei zunächst die gegenseitige Ausgleichung in der Weise bewirkt worden war, dass jede Verwaltung nur mit derjenigen abrechnete, welche die Wagen empfing oder übernahm, mochten es eigene oder fremde sein, schloss man sich 1852 an die im nord- und mitteldeutschen Verbande dafür bestehenden Abrechnungsbureaus an, wodurch für die auf den Verbandsstrecken, also über mehrere Bahnen gelaufenen Wagen, die gegenseitige Ausgleichung direct bewirkt wurde. Eine weitere Concentrirung dieser Abrechnungen ist durch das in neuerer Zeit in Erfurt eingerichtete Central-Wagen-Abrechnungsbureau angebahnt. Wie verwickelt diese Verhältnisse geworden sind, geht daraus hervor, dass, während bei Einrichtung der Wagencontrole 21 Wagengattungen auf die diesseitige Bahn übergingen, die Zahl derselben jetzt 68 beträgt, und dass, während man es als einen besonderen Umstand hervorhob, dass im Jahre 1852 für Wagenmiethen fast 1600 Thlr. gezahlt worden seien, die Bilanz der Wagenmietheabrechnung der Leipzig-Dresdner Eisenbahn im Jahre 1863 148,376 Thlr. 27 Ngr. 2 Pfg. mit einem Saldo von 7796 Thlr. 16 Ngr. 6 Pfg. zu Lasten der Leipzig-Dresdner Eisenbahn-Compagnie betrug, indem die diesseitigen Wagen circa 2,644,902 Achsmeilen auf fremden Bahnen zurücklegten, fremde Wagen aber 2,853,328 Achsmeilen auf der Leipzig-Dresdner Eisenbahn durchliefen. Als Wagenmiethe wird per Achse und Meile von $^{1}/_{2}$—2 Ngr., je nach der Beschaffenheit der Wagen, berechnet. Die weitesten Entfernungen, auf denen diesseitige Wagen bis jetzt cursirt haben, sind Paris auf der Französischen Nord- und Ostbahn, Weisskirchen auf der k. k. österreichischen südlichen Staatsbahn, Triest auf der k. k. österreichischen südlichen Staatsbahn, Lemberg auf der Galizischen Carl Ludwigs-Bahn, Eydtkuhnen auf der königlichen preussischen Ostbahn, Warschau auf der Warschau-Wiener Bahn; ausserdem sind sie wohl auf allen Bahnen Deutschlands gelaufen, wie andrerseits auch Wagen von diesen und einigen der Bahnen angrenzender Staaten auf die Leipzig-Dresdner Eisenbahn übergegangen sind.

Die Verbindung mit andern Eisenbahnen und die Annahme besonderer Reglements und Güterclassificationen nebst Tarifirung im Verkehr mit denselben hatte natürlich auch Einfluss auf das Lokalbetriebsreglement und die hier angenommene Classification nebst den dafür festgesetzten Tarifsätzen. Es machte sich deshalb eine Revision hierfür nöthig, und so wurde ein neues Betriebsreglement für den Verkehr mit Personen- und Reisegepäck, sowie mit Equipagen, Pferden und Hunden, und ein dergleichen Reglement für den Verkehr mit

Gütern, Fahrzeugen und Vieh entworfen und als gültig vom 1. Juli 1855 ab publicirt. Diese Reglements sind noch jetzt in ihren Grundbestimmungen in Gültigkeit, soweit nicht durch das anderweite Vereinsgüterreglement vom 1. December 1856 und dessen, in Folge der Einführung des allgemeinen deutschen Handelsgesetzbuchs, bewirkte neue Redaction vom 1. März 1862, ingleichen durch das allgemeine deutsche Reglement für die Personen-, Reisegepäck-, Leichen-, Equipagen- und Thierbeförderung vom 1. Juli 1859 eine Aenderung darin eingetreten ist. Sie sind im Wesentlichen mit den Reglements anderer deutschen Eisenbahnen übereinstimmend, so dass man von einer besonderen Darstellung hier absehen kann. Die gegen diese Eisenbahnbetriebsreglements überhaupt gerichtete Agitation des Handelsstands, die Angriffe gegen die Autonomie und das Monopol der Eisenbahngesellschaften haben hiernach auch die Leipzig-Dresdner Eisenbahn betroffen, obwohl das Directorium vielleicht das Zeugniss sich vindiciren kann, in praxi die, allerdings in einzelnen Fällen, schroff erscheinenden Bestimmungen nicht zur Geltung gebracht zu haben.

Der den Güterverkehr betreffende Tarif ist bald anderweit revidirt und mit Gültigkeit vom 1. December 1860 ab publicirt worden, ohne dass jedoch diese Revision wesentliche Aenderungen des Tarifs vom 1. Juli 1855 ergeben hat, während sonst für einzelne Fälle in der Classification und Tarifirung Modificationen eingetreten sind. Als wesentliche Neuerung der Classification für den Güterverkehr seit 1. Juli 1855 ist die Unterscheidung von 5 Classen unter der Bezeichnung A B C D E statt der bis dahin drei Classen zu bemerken, von denen die beiden letzten Abtheilungen nur in Quantitäten von mindestens 80 Ctr. als Wagenladungen zum betreffenden Tarifsatz berechnet werden. Die Frachtsätze für diese Classen auf der ganzen Tour zwischen Leipzig und Dresden wurden auf 16 Ngr., 10 Ngr., 6 Ngr., 3 Ngr. 9 Pfg. und $2^1/_2$ Ngr. per Ctr. festgesetzt, während die Benennung seit 1. December 1860 geändert ist und Eilgut und Gut in gewöhnlicher Fracht unterschieden wird, welches letztere in zwei Classen: I Normalclasse und II ermässigte Classe, diese mit den

Unterabtheilungen A B C, zerfällt, so dass in der Wirklichkeit noch dieselben 5 Classen bestehen. In den Tarifsätzen der drei ersten Classen sind für Leipzig und Dresden die Spesen für An- und Abfuhr, Auf- und Abladen mit enthalten, indem diese Verrichtungen durch die Bahnverwaltung besorgt werden, während die An- bezugsweise Abfuhr auf den Zwischenstationen den Versendern resp. Empfängern überlassen bleibt. In Folge der eingetretenen Frachtermässigungen hat der Durchschnittssatz, welcher im Jahre 1839 per Ctr. und Meile 6,05 Pfg betrug, im Jahre 1863 etwa 3,3 Pfg. betragen.

Hinsichtlich des **Personenverkehrs** ist noch einer Einrichtung zu gedenken, welche einer nicht unwesentlichen Herabsetzung der Fahrpreise gleichkommt. Es betrifft dies die seit dem 19. Mai 1861 erfolgte Einführung von Tagesbillets, welche, unter Zuschlag von $\frac{1}{3}$ der fahrplanmässigen Taxe der einfachen Fahrt, für Hin- und Rückfahrt gültig sind. Die anfangs auf einen Tag beschränkte Gültigkeit dieser Billets ist seit 1. December 1862 auf den ersten Personenzug des folgenden Tages und, wenn dieselben am Tage vor Sonn- und Feiertagen oder an diesen selbst gelöst werden, zur Rückfahrt bis auf den letzten Personenzug des zunächst darauf folgenden Werktags ausgedehnt. Anträge auf Einführung der Tagesbillets waren zwar schon wiederholt in den Generalversammlungen seit 1857 gestellt, jedoch mit Rücksicht theils auf die Verkehrsverhältnisse der Leipzig-Dresdner Eisenbahn, theils auf die Niedrigkeit der Fahrpreise, welche auch für Eil- und Courierzüge mit allen Classen eine Erhöhung nicht erfahren, theils endlich auf die Einrichtung der allsommerlichen Extrafahrten vom Ausschuss und dem Directorium zur Annahme nicht befürwortet worden. Die nach Einführung der Tagesbillets gesteigerten Einnahmen aus dem Personenverkehr scheinen indess die desfalls gehegten Bedenken nicht zu rechtfertigen und neuen Beweis dafür zu liefern, dass Verkehrserleichterungen bis zu einem gewissen Grade, der allerdings schwer zu bestimmen ist und wobei Experimente nur zu leicht gefährlich sind, dem Unternehmen wie dem Publikum zu Gute kommen.

Es mag, wie oben bereits angedeutet, hier noch kurz auf eine durch den Verkehr auf den Eisenbahnen hervorgerufene, von dem Handelsstand mit den ungünstigsten Augen angesehene Erscheinung, auf das System der Differentialfrachten, eingegangen werden, umsomehr, als auch Seiten des Leipziger Handelsstands gerade gegen das Directorium der Leipzig-Dresdner Eisenbahn-Compagnie desfallsige Vorwürfe erhoben worden sind. Die hauptsächlichsten allgemeinen Beschwerdegründe gegen die Differentialfrachten der Eisenbahnen gehen bekanntlich dahin, dass durch sie die natürlichen und gewohnten Handelsbeziehungen gestört, die Bezugswege hin und her geworfen und Zwischenhandel wie Production in den Binnenplätzen den Endplätzen gegenüber auf das Empfindlichste verletzt würden. Man sieht in der Bevorzugung der letzteren eine Zurücksetzung des eigenen, durch die örtliche Lage berechtigten Platzes, eine Verkehrung der geographischen Verhältnisse; man fühlt eine Abhängigkeit von der Willkür der Eisenbahnen, eine Gefährdung gewohnter Beziehungen und dergl. — Diese Vorwürfe, soweit sie sich auf die natürlichen Folgen des Eisenbahnverkehrs beziehen, soweit sie mit dagegen gerichtet erscheinen, dass durch sie die directen Transporte befördert, die mittelalterlichen und hemmenden Stapelplätze des Verkehrs überflüssig gemacht, unnöthige Vermittelungen zwischen den Productions- und Consumtionsorten beseitigt werden; die Vorwürfe ferner, soweit sie gegen einen billigeren Frachteinheitssatz für längere Strecken gerichtet sind, bei welchen die Differenz nicht grösser ist, als der Betrag der generellen, bei jedem Transport vorkommenden Unkosten, die naturgemäss bei einem durchgehenden und weiteren Transport theils wegfallen, theils sich auf eine längere Strecke vertheilen, während sie sich bei unterbrochenem Transporte wiederholen müssen; diejenigen Vorwürfe endlich, welche gegen die Bewilligung billigerer Frachten für grössere Quantitäten — Wagenladungssätze — gerichtet sind, bedürfen bei dem dermaligen Stande der Controverse über die Differenzfrachtsätze der Eisenbahnen hier keiner besonderen Widerlegung. Nicht minder gerechtfertigt erscheinen die Frachtdisparitäten zu Gunsten des Absatzes gewisser Producte nach entfernteren Gegenden, um den Transport derselben dadurch überhaupt zu ermöglichen. Es kann sich daher im Wesentlichen nur um diejenigen Differentialsätze handeln, bei denen diese Gründe nicht vorhanden sind. Und hier ist es nicht Willkür der Eisenbahnen, nicht absichtliche Zurücksetzung, nicht die Tendenz der Ausbeutung der Binnenplätze, sondern das mächtigste Vehikel des wirthschaftlichen Fortschritts, die „**Concurrenz**", welche auch hier ihren Einfluss geltend gemacht hat und als die Wurzel dieses angeblichen Uebels anzusehen ist. Man wirft allerdings auch hier den Eisenbahnen vor, dass sie in Verfolgung ihres eigenen Interesses Ermässigungen für den durchgehenden Verkehr zum Nachtheil des Handels und der Production der Binnen- und Zwischenplätze eingeführt haben, während der Lokalverkehr als durchaus abhängig und auf die eine Bahnlinie angewiesen, einer Ermässigung nicht für werth erachtet werde; man macht auch hier geltend, dass die Eisenbahn, wenn sie es für vortheilhaft findet, den Transitverkehr durch niedrige Frachtsätze für ihre Route zu gewinnen, dieselben Sätze auch dem Lokal- oder dem gebrochenen Verkehr zugestehen könne. Wie aber oben bereits gedacht, müssten in einem solchen Falle zunächst immer noch die bei jedem Transport nothwendigen allgemeinen Spesen hinzutreten. Ausserdem kann die Eisenbahn, bis zu einem gewissen Grade wenigstens, die Freiheit für ihre Operationen beanspruchen, die jedem anderen Industriezweig zugestanden wird. Endlich aber, und das ist die Hauptsache, würde dem Binnenplatz nichts genützt werden, entweder weil die Ermässigung auf **einer** Bahnstrecke nicht so gross sein könnte, um die Differenz der ganzen andern Concurrenzlinie gegenüber auszugleichen und im Verhältniss zu dieser den gebrochenen Verkehr des Binnenplatzes möglich zu machen, oder weil, wenn die einzelne Bahn für den betreffenden Transitverkehr gleich hohe Frachtsätze wie für den Lokalverkehr festsetzen wollte, dann die dadurch herbeigeführte Erhöhung der Frachtsätze den Transitverkehr nach dem betreffenden Endplatz von dieser Route abwenden und der

Concurrenzlinie zuführen würde, so dass für den Binnenplatz kein Vortheil, weil er nach dem betreffenden Endpunkt der concurrirenden Linie gegenüber, sei sie Wasserweg oder Eisenbahn, im gebrochenen Verkehr doch nicht aufkommen könnte, für die betreffende Linie oder die einzelne Bahn aber Verlust entstände, weil sie nun auch den Transitverkehr verlieren und im gebrochenen Verkehr keinen Ersatz dafür finden würde.

Eine andere Frage ist, ob die Concurrenz unter den verschiedenen Eisenbahnlinien selbst eine gesunde und gerechtfertigte ist und ob nicht vielmehr lediglich die geographische Entfernung maassgebend sein soll. Es ist hier nicht der Ort, auf diese Frage näher einzugehen, sie hängt mit der andern zusammen, ob es räthlich, einen gleichen Einheitssatz per Meile und Ctr., damit aber für die Eisenbahnen die Bevormundung des Staates einzuführen. Wäre dies in Deutschland überhaupt ausführbar, so könnten viele Eisenbahnen, namentlich auch die Leipzig-Dresdner dies nur acceptiren; denn die Concurrenz-bestrebungen sind es hauptsächlich, die die Frachtsätze in einem den Eisenbahninteressen selbst nachtheiligen Maass herabdrücken. Allein eben hierin mag der Handelsstand eine Warnung und eine Grenze für seine Agitation gegen die Frachtdisparitäten finden; denn der Grund derselben, die Concurrenz, ist es auch gewesen, die eine Ermässigung der Frachten, überhaupt auch für den Lokalverkehr, herbeigeführt hat; ohne die Möglichkeit von Concurrenzen würde das Monopol der Eisenbahnen erst zur Existenz, zu einer wirklichen Macht gelangen, die nur mangelhaft durch die Staatsgewalt moderirt werden könnte.

Alle diese hier nur kurz angeführten Gründe für die Differential-frachten treffen auch bei der Leipzig-Dresdner Eisenbahn zu. Sie hat niemals willkürlich die Frachtsätze für die durchgehenden Transporte, gegenüber den Lokalsätzen, ermässigt, sondern nur dann, wenn die Concurrenz und die Erhaltung des Verkehrs auf ihrer Linie es gebot. Aus diesem Grunde ist sie dem nord- und mittel-deutschen Verbande mit billigeren Durchgangssätzen beigetreten und hat gleiche Vereinigung mit der Magdeburg-Leipziger Eisenbahn-Gesellschaft, hier namentlich gegenüber der Concurrenz des Wasserwegs getroffen; aus diesem Grunde hat sie, gegenüber 2 bis 3 verschiedenen nach Oesterreich führenden Routen, in Gemeinschaft mit andern Verwaltungen ihre Sätze ermässigen müssen; aus diesem Grunde wird aber auch die Leipzig-Dresdner Eisenbahn niemals **allein** im Stande sein, im gebrochenen Verkehr ab Leipzig resp. Dresden dieselben Vortheile zu gewähren, die für den durchgehenden nur im Verein mit andern Bahnen möglich sind, obwohl auch im Lokalverkehr selbst wesentliche Ermässigungen eingetreten sind, wie die angezogenen Tarife von 1855 und 1860 beweisen. Das Directorium wird eine gewisse Beruhigung darin finden müssen, dass andere Städte in gleicher Lage sind und dieselben Vorwürfe gegen die Eisenbahnverwaltungen ihrer Plätze erheben wie hier, während diesen gegenüber wiederum Leipzig als bevorzugter Endplatz erscheint.

Den baulichen Zustand der Bahn anlangend, so ist namentlich die seit 1852 begonnene und nach und nach zur Ausführung gelangte Auswechselung der niedrigen englischen Schienen, $2^3/_4''$ sächsisch, welche sich für die neuen schweren Lokomotiven als unzureichend darstellten, gegen schwerere Schienen und die Herstellung eines dazu erforderlichen besseren Fundaments zu erwähnen. Diese Schienen mit einem Profil von $3^3/_4 - 4^1/_4$ Zoll sächsisch, während man in der neuesten Zeit 5zölliges Profil angenommen hat, wurden von inländischen Werken und zwar grösstentheils von der Königin Marienhütte bei Zwickau bezogen, so dass man sich auch in dieser Beziehung von England unabhängig gemacht hatte.

Das schon im Jahre 1836 in Frage gekommene Project der Anlegung eines electromagnetischen Telegraphen längs der Bahn wurde im Jahre 1849 wieder aufgenommen und unter Leitung des in seinem Fache rühmlichst bekannten Mechanikus Stöhrer in Leipzig für einen Kostenaufwand von 9,502 Thlr. 21 Gr. 4 Pf. im Jahre 1851 beendet. Beinahe gleichzeitig beabsichtigte die Staatsregierung eine derartige

Verbindung durch eine Erdleitung, während die der Eisenbahn-Compagnie auf freistehenden Stangen befestigt wurde, herzustellen, ging aber später davon zurück und vereinigte sich mit dem Directorium dahin, dass die Staats- und Gesellschaftsleitungen an gemeinschaftlichen Stangen längs der Bahn angelegt werden. Vom Jahre 1861 ab sind dazu noch electromagnetische Glockenwerke gekommen, welche nebst den zur Zeit noch beibehaltenen optischen Telegraphen zur Signalisirung dienen und den Vorzug schneller und von den Individuen unabhängiger Fort- und Wiedergabe der Signale haben.

Die Transportmittel, Lokomotiven sowohl als Güterwagen, mussten mit Rücksicht auf den in so rascher Weise sich entwickelnden Verkehr entsprechend vermehrt und namentlich Maschinen mit grösserer Leistungsfähigkeit angeschafft werden. Man fand es deshalb rathsam, im Jahre 1857, um einen hinreichenden Lokomotivenbestand zu erhalten, 15 den Ansprüchen des Verkehrs genügende Lokomotiven sämmtlich bei A. Borsig zu bestellen, ingleichen den Wagenpark bedeutend zu vermehren. Der Gesammtkostenbetrag von etwa 350,000 Thlr. wurde auf den Betrieb der nächsten 5 Jahre (1858 bis incl. 1862) übertragen.

Erhebliche Fortschritte sind in den letzten Jahren hinsichtlich des Brennmaterials gemacht worden, indem man in Folge einer im Ganzen einfachen Vorrichtung zur Rauchverbrennung von den theuren Koke zur Steinkohlenfeuerung für die Maschinen übergehen konnte. Es war diess von der wesentlichsten Bedeutung; denn während bei im Jahre 1857 durchlaufenen 141,667 $^{1}/_{4}$ Lokomotivmeilen der Aufwand für die Lokomotivenheizung 112,972 Thlr. 5 Ngr. 2 Pf. betragen hat, haben die 149,085,7 Lokomotivmeilen im Jahre 1863 nur 58,011 Thlr. 4 Ngr. 6 Pf. erfordert.

Von den übrigen Anlagen der Bahn machte sich namentlich an der Elbbrücke bei Riesa in den Jahren 1848—1852 eine bedeutende Reparatur nöthig, welche sich in den Jahren 1860—1862 wiederholte, die zusammen einen Kostenaufwand von etwa 100,000 Thlr. erforderten.

An **Hochbauten** ist vor Allem ausser den durch das Bedürfniss hervorgerufenen Baulichkeiten und Erweiterungen des Bahnhofs zu Leipzig, wie der Bahnhöfe auf den Zwischenstationen, der gänzliche Umbau des Bahnhofs in Dresden zu erwähnen. Derselbe begann im Jahre 1852 und wurde im Jahre 1856 beendet, während dort zugleich der immer lebhafter werdende Verkehr in ungestörtem Betrieb erhalten werden musste. Verschiedene Projecte waren für diesen Bau entworfen, mannigfache Verhandlungen (namentlich mit dem Königlichen Finanzministerium mit Rücksicht auf mit der Sächsisch-Böhmischen Staatsbahn projectirte gemeinschaftliche An-lagen) gingen voraus, bedeutende Grunderwerbungen wurden erfor-derlich, die nur mit Hülfe der Expropriation möglich waren und leider zu Processen führten, die erst in der neuesten Zeit ihr Ende gefunden haben, bis zuletzt der Bau in der Weise zur Ausführung kam, wie er sich jetzt dem Auge darstellt. Für den Personenver-kehr dienen drei auf einer Seite gelegene Perrons, davon zwei nebst Betriebsräumlichkeiten für die eigene Bahn, der dritte, die sogenannte böhmische Halle, wird von der östlichen Staatsbahn-Ver-waltung für den Betrieb der Sächsisch-Böhmischen Bahn benutzt. Für den Güterverkehr sind 2 Speicher, der eine für die ankommen-den, der andere für die abgehenden Güter bestimmt. Der anfänglich projectirte Zoll-Speicher nebst Niederlage ist nicht zur Ausführung gekommen. Erst in der neuesten Zeit wird dafür Seiten des Fiskus eine erweiterte Anlage in Neustadt Dresden neben dem dortigen Leipziger Bahnhofe errichtet. Die Fronte des Bahnhofs nach der Stadt zu wird noch von den beiden vor Eröffnung der Bahn gebauten, jetzt zu Beamtenwohnungen benutzten Häusern flankirt.

Den Bahnhof in Leipzig, auf welchem je nach Bedürfniss die Lokalitäten für den Betrieb und die Administration, mit Aus-nahme des Maschinenhauses und der Reparatur-Werkstätten, meist provisorischer Natur, errichtet worden waren, dessen gründlicher Umbau sich aber schon seit Jahren nöthig gemacht hatte, hat man seit dem Jahre 1862 umzubauen begonnen, nachdem vielfache Verhandlungen mit der Magdeburg - Leipziger Eisenbahn - Gesellschaft, eine Vereinbarung über einen völlig gemeinschaftlichen und übereinstimmenden Bau der beiden aneinander grenzenden Bahnhöfe herbeizuführen, wegen in örtlichen wie Betriebsverhältnissen liegender Schwierigkeiten zu einem Resultate nicht geführt hatten, während eine leichtere Verbindung zwischen beiden Bahnhöfen erzielt wird. Bei dem Neubau hat man als Princip die Trennung des Güter- vom Personenverkehr einerseits und die Concentration beider Verkehre für sich andererseits festgehalten und sich deshalb für Langbauten entschieden. Die desfallsigen Pläne sind vom Oberingenieur der Compagnie, Pöge, entworfen. Der Güterspeicher ist bereits seit Ende 1862 in Benutzung, von der Personenhalle ist der eine Theil im Jahre 1863 gebaut, während der andere Theil nebst dem Administrationsgebäude möglichst im Jahre 1864 beendet werden soll. Es werden somit in diesem Jahre alle die baulichen Anlagen, welche die Eröffnung der Bahn gesehen haben, verschwinden.

Die Betriebsergebnisse seit 1850 sind aus der anliegenden tabellarischen Aufstellung ersichtlich und die für die Actionaire erzielten Resultate in einer andern Beilage über die jährlichen Dividenden, die zugleich ein Bild von dem Stande der Effecten und sonstigen Fonds der Compagnie giebt, zu ersehen. Sie zeigen ein stetes, namentlich in den Jahren 1856 und 1857 stark hervortretendes Steigen, während vom letztgedachten Jahre ab Schwankungen eintraten, die das Jahr 1863 für den Personenverkehr als das stärkste, für den Güterverkehr als das in dritter Reihe stehende und rücksichtlich der Gesammteinnahme überhaupt als das zweit-günstigste Betriebsjahr erscheinen lassen. Eine Vergleichung der Betriebsergebnisse des Jahres 1863 mit denen der übrigen Bahnen Deutschlands ist bei dem noch nicht publicirten Geschäftsberichte derselben nicht möglich. Für 1862 stellt sich das Verhältniss kurz folgendermaassen: Unter den Privatbahnen nimmt Leipzig-Dresden hinsichtlich der absoluten, ohne Rücksicht auf die Länge der Bahn, berechneten Frequenz die 13. Stelle im Personenverkehr, bezüglich der

Güterfrequenz die 11. Stelle ein, während sie der Ausdehnung nach in 33. Stelle steht. Im Ergebniss der Gesammteinnahmen für jede Betriebsmeile erscheint sie in 2. Reihe, mit 122,970 Thlr., während die Kaiser Ferdinand Nordbahn mit 126,565 Thlr. voransteht. In den Betriebsausgaben steht sie mit 45 bis 50% mit 7 andern Bahnen gleich, während bei etwa 30 Bahnen höhere Procentsätze und etwa 15 Bahnen niedrigere sich herausstellen. Bezüglich der Dividende des Jahres 1862 inclusive Zinsen (18%) steht Leipzig-Dresden nur hinter der Magdeburg-Halberstädter Bahn, welche 25% gegeben hat.

Die bedeutenden Ausgaben für die obgedachte Vermehrung der Betriebsmittel, die Umlegung der Schienengleise und die Erweiterung der Bahnhöfe, welche als bleibende Anlagen sich darstellten, veranlassten im Jahre 1854 zur Aufnahme einer Anleihe von $1^1/_2$ Million Thlr., welche unterm 1. December 1854 in 300 Serien zu je 50 Schuldscheinen à 100 Thlr. mit Verzinsung zu 4% per Jahr ausgegeben wurde. Dieselbe hat mit mindestens 2% jährlich unter Zuschlag der ersparten Zinsen vom 1. Juli 1855 ab zur Ausloosung zu gelangen, so dass die Tilgung bereits nach 28 Jahren, 1883, beendet sein wird. Im Jahre 1860 wurde diese Anleihe mit Rücksicht auf den noch zu erwähnenden Bau der Coswig-Meissner Zweigbahn, die Umgestaltung des Leipziger Bahnhofs und andere Bauten um 500,000 Thlr., übrigens unter gleichen Bedingungen, jedoch so, dass die Ausloosung erst vom 1. December 1870 beginnt und die Anleihe demnach im Jahre 1897 getilgt sein wird, erweitert. Der Cours der Obligationen von 1854 und 1860 hat, wie aus der gedachten Anlage hervorgeht, zwischen 98 und $102^1/_4$% geschwankt.

Der nach §. 63 der Statuten anzusammelnde Reservefonds wurde, nachdem wiederholt Anträge auf eine Ermässigung der desfallsigen Zuflüsse beziehentlich Wegfall derselben gestellt, aber nicht angenommen waren, in Folge Beschlusses des Directoriums und des Gesellschaftsausschusses auf die Summe von 500,000 Thlr. fixirt, welche Höhe er zuletzt durch die Zuweisung aus den Erträgnissen des Jahres 1855 erreicht und seitdem auch unvermindert behalten hat. Andererseits ist noch darauf Bedacht genommen, den Fond für die Unterstützungs- und Pensionscasse der Beamten, deren Statut, wie bereits gedacht, im Jahre 1858 eine zeitgemässe Revision erfahren hat, durch Beiträge aus den jährlichen Betriebsüberschüssen zu verstärken. So wurden zum ersten Male in der Generalversammlung am 27. März 1850 eine Summe von 945 Thlr., in den folgenden Jahren 1851—1854 je 3000 Thlr. und von da ab je 5000 Thlr. per Jahr bewilligt. Hierdurch wie durch die nach dem gedachten neuen Statut von 1858 erfolgte Erhöhung der Beiträge der Beamten auf $3^1/_3\,^0/_0$ von den Gehalten bis zu 600 Thlr., hat eine erfreuliche aber auch sehr wünschenswerthe Erhöhung des Fonds stattgefunden, so dass derselbe Ende 1863 mit einem Bestand von 130,260 Thlr. 6 Ngr. 2 Pf. abgeschlossen hat. Die an 17 Invaliden, 111 Wittwen und 24 Waisen gezahlten Pensionen haben im gedachten Jahre 7607 Thlr. 1 Ngr. 4 Pf. betragen und sind somit ein Beweis für die segensreiche Wirkung des Instituts. —

Als eine besondere Episode ist die Verhandlung mit der Staatsregierung wegen Veräusserung der Bahn zu erwähnen. Dieselbe wurde durch eine Verordnung des Königlichen Finanzministeriums vom 6. März 1854 eingeleitet und in einer anderweiten Verordnung vom 26. desselben Monats motivirt, und zwar, insbesondere durch die projectirte Fortsetzung der Chemnitz-Riesaer und der Sächsich-Bayerschen Staatsbahn und die hierbei zu entscheidende Frage wegen Herstellung einer näheren Schienenverbindung zwischen Chemnitz und Leipzig, ferner durch die bevorstehende Ausführung einer directen Eisenbahnverbindung zwischen Leipzig und Wittenberg via Bitterfeld, beides gefürchtete Concurrenzen für die Leipzig-Dresdner Eisenbahn, und endlich die auch für die Sächsische Regierung vorliegende Nothwendigkeit, eine angemessene Besteuerung der Eisenbahn in Erwägung zu ziehen. Ebenso schienen die damals in Aussicht stehenden bedeutenden Ausgaben der Leipzig-Dresdner Eisenbahn-Compagnie und die desfalls erforderliche Anleihe ein für die Verhandlung günstiges Moment zu enthalten. Ausserdem wurde auf die der Staatsregierung wegen der, weder an eine bestimmte Zeitdauer noch deren Wiedereinlösung geknüpften, Ertheilung der Concession von verschiedenen Seiten gemachten Vorwürfe, sowie auf die der Staatsverwaltung aus einer Administration über nicht zusammenhängende Eisenbahnstrecken erwachsenden Schwierigkeiten verwiesen, und zur Entschliessung über die proponirten Kaufsbedingungen die Einberufung einer Generalversammlung veranlasst. Diese Bedingungen gingen im Wesentlichen dahin: die Abtretung der Leipzig-Dresdner Eisenbahn sammt der derselben zugehörigen Strecke der Magdeburg-Leipziger Bahn bis zur Preussischen Grenze mit allen daran haftenden Rechten und Verbindlichkeiten und dem angesammelten Unterstützungsfond, der besonders verwaltet werden sollte, jedoch mit der später zugestandenen Ausnahme des Reservefonds, an den Staatsfiscus erfolgt gegen eine, mit 4% vom 1. April 1854 an verzinsliche Staatsobligation im Nominalbetrage von 200 Thlr. für jede der vorhandenen 50,000 Stück Leipzig-Dresdner Eisenbahn-Actien, sowie unter Beibehaltung resp. Entschädigung der Beamten der Compagnie einschliesslich der Directoren Seiten des Staats unter noch zu vereinbarenden Bestimmungen. Nach mehrfachen Verhandlungen zwischen der Regierung, dem Directorium und dem Ausschuss wurde die Generalversammlung der Actionaire für den 14. December 1854 zusammenberufen, wobei das Directorium in einer Mittheilung an die Actionaire vom 30. November 1854 dieselben von dem Stande der Sache in Kenntniss setzte und zugleich seine entschiedene, auch vom Ausschuss getheilte, Meinung unter Hinweis auf einen Aufsatz „zur Beurtheilung des Werths der Leipzig-Dresdner Eisenbahn" dahin aussprach, dass es den Antrag und die Propositionen der Staatsregierung nicht bevorworten könne. In der Generalversammlung, in welcher 17,038 Actien durch 1349 Actionaire mit 4371 Stimmen vertreten waren, wurden denn auch die Regierungspropositionen mit 4083 gegen 45 Stimmen abgelehnt. Die Staatsregierung, welche sich jeder Beeinflussung hierbei enthalten hatte und von welcher der desfallsige Antrag wohl hauptsächlich nur in Erwägung der obwaltenden Verhältnisse ausgegangen war, liess es hierbei bewenden.

In dieser Zeit gelangte auch ein Versprechen zur Einlösung, das bereits im Anfang des Unternehmens gegeben war, der Bau einer **Zweigbahn** von der Hauptbahn ab nach **Meissen**. Die Thatsache dieses früher gegebenen Versprechens sowohl, als andere Momente, namentlich die Gewinnung des Personen- und Güterverkehrs von, nach und über Meissen, welcher bei der 1 Stunde betragenden Entfernung des nächsten Stationspunktes, Niederau, zum geringsten Theile der Hauptbahn sich zugewandt hatte, die Aussicht auf die durch die Verhältnisse Meissens und der Umgegend garantirte weitere Entwickelung des Verkehrs, die Mahnung, der damals — 1858/59 — drohenden Verkehrsabnahme der Hauptbahn durch Aufsuchung neuer Zuführungswege und Verbindungen zu begegnen, liessen seit dem Jahre 1858 das Project dieser Zweigbahn wieder aufnehmen und Directorium und Ausschuss nach Beendigung der Vorarbeiten dessen Ausführung beschliessen. Nachdem auch die Generalversammlung am 24. März 1860 ihre Zustimmung hierzu, wie zu den damit verbundenen Anträgen wegen Beschaffung der Geldmittel durch eine Anleihe von 500,000 Thlr. erklärt und die Staatsregierung die Concession ertheilt hatte, wurde der Bau im Juli 1860 unter unmittelbarer Leitung des Abtheilungs-Ingenieurs Schulze in Dresden und Aufsicht des Oberingenieurs Pöge in Angriff genommen und so rasch ausgeführt, dass die Bahn am 29. November eröffnet und am 1. December 1860 dem Verkehr übergeben werden konnte.

Die Baukosten haben sich auf 192,089 Thlr. 1 Ngr. 3 Pfg. belaufen, den Voranschlag von 193,500 Thlr also nicht ganz erreicht. wobei noch zu berücksichtigen, dass einige Anlagen eine in demselben nicht vorgesehene Erweiterung erfahren haben. — Bei der Erwerbung des erforderlichen Areals, wobei Adv. Oehme, damals Secretair des Directoriums, in Verbindung mit dem Ingenieur Schulze das

Directorium vertrat, ist durchgängig über den Preis eine gütliche Vereinigung erzielt worden.

Für die Richtungslinie waren zwei verschiedene mögliche Anschlusspunkte an die Hauptbahn in Frage gekommen, der Bahnhof Niederau und das Dorf Coswig, während die Ausmündung nur im Dorfe Cölln, dicht am rechten Elbufer etwa 1500 Ellen vom Meissener Marktplatze entfernt, stattfinden konnte. Für den Anschluss bei Niederau war als günstigste Projection eine Linie von 11,434 Ellen Länge ermittelt und einschliesslich des Meissener Bahnhofs mit 176,000 Thlr. veranschlagt worden; für die Führung der Bahn auf Coswig bedurfte es einer Linie von 12,732 Ellen Länge und eines Kostenaufwands von 193,500 Thlr., incl. der Kosten für eine neue Stationsanlage in Coswig. Der Kostenpunkt und der Umstand, dass die Linie auf Niederau Meissen mit beiden Richtungen der Hauptbahn, Leipzig und Dresden, gleich gradlinig in Verbindung setzte, während die Coswiger Linie die Richtung nach Dresden einschlagend, für Leipzig einen Umweg beschrieb, schien jener den Vorzug zu geben. Allein die Erwägung, dass es sich bei dieser Zweigbahn hauptsächlich um den Verkehr Meissens und der Umgegend von und nach Dresden und um dessen Gewinnung handelte, während der Verkehr nach und von Leipzig dagegen nur von untergeordneter Bedeutung und auch sonst gesichert erscheinen musste, die günstigen Steigungsverhältnisse der andern Linie (1:200 auf einer Strecke von 800 Ellen, im Uebrigen günstiger), die vortheilhaftere Lage von Coswig; endlich der von der Stadt Meissen selbst gethane Ausspruch liessen für den Anschluss bei Coswig entscheiden, und wohl mit vollkommenem Rechte, wie die seit Eröffnung der Bahn erzielten Betriebsresultate beweisen, wobei das Directorium durch Einrichtung selbstständiger und directer Züge zwischen Meissen und Dresden, durch die Elbdampfschifffahrtsconcurrenz gebotene billige Preise und andere entsprechende Maassregeln für Belebung des Verkehrs das Seinige gethan hat. —

Ein anderes, seit Jahren verfolgtes Project, der Bau einer Zweigbahn von Grossenhain nach Pristewitz, kam in dieser Zeit durch eine besondere von Grossenhain aus gebildete Actiengesellschaft gleichfalls zur Ausführung. Die Bahn, mit Energie in Angriff genommen, wurde am 15. October 1862 dem Betrieb übergeben.

An besonderen Vorfällen in dieser Periode sind hervorzuheben der Brand des Güterspeichers für ankommende Güter auf dem Leipziger Bahnhofe am 8. Juni 1857, aller Wahrscheinlichkeit nach durch Selbstentzündung eines Frachtstücks veranlasst. Der an den Gütern entstandene Schaden im Betrage von etwa 54,000 Thlr. wurde durch die Versicherungsgesellschaften ersetzt. In demselben Jahre ereignete sich ein anderweiter Unfall, wie er glücklicherweise auf der Leipzig-Dresdner Eisenbahn noch nicht vorgekommen und hoffentlich auch nicht wieder stattfinden wird. Am 18. November des gedachten Jahres nämlich fuhr ein von Dresden abgegangener Güterextrazug auf einen bei dem Anhaltepunkte Zschaiten haltenden, zum Abholen ausgewechselter Schwellen bestimmten, Bauzug auf. Ausser der Zertrümmerung und Beschädigung von Maschinen und Wagen erlitten drei Leute hierbei den Tod und fünf wurden mehr oder weniger beschädigt. Von geringerem Nachtheil war ein am 25. Juni 1863 erfolgtes Aufeinanderfahren zweier Züge von Dresden kurz hinter dem Tunnel bei Oberau, indem ausser unbedeutenden Beschädigungen an einer Maschine und einigen Wagen, nur ein Passagier verletzt wurde, dessen Wiederherstellung bald erfolgte. Eine im Jahre 1858 in Folge Ueberschwemmung herbeigeführte Zerstörung einer Wegüberbrückung bei Altenbach machte auf kurze Zeit besondere Anstrengungen erforderlich, um den Betrieb in ununterbrochenem Gange zu erhalten, wobei Seiten des Kriegsministeriums durch Ueberlassung eines Commandos der Königlichen Pionier- und Pontonier-Abtheilung die wesentlichste Unterstützung gewährt wurde. Sind auch sonst noch Störungen geringerer Bedeutung für den Betrieb vorgekommen, wie sie die Natur der Eisenbahnanlagen mit sich bringt, ist auch das Leben und die Gesundheit einzelner Arbeiter und Beamter in Folge von Verunglückung bei Ausübung ihres Dienstes zu beklagen, so muss es andrerseits als eine besondere günstige Fügung des Himmels

dankbar anerkannt werden, dass seit Eröffnung der Fahrten vom
24. April 1837 an, bis zu dem Augenblicke, wo dieses geschrieben
wird, von den 16,465,850 Passagieren, welche auf der Leipzig-Dresdner Eisenbahn gefahren sind, **keiner** das Leben durch die Bahn
und deren Betrieb verloren hat. Möge der Himmel ferner über das
Leben und die Gesundheit Aller wachen!

Ueber die bezüglichen Personenverhältnisse ist zu bemerken,
dass im Jahre 1854 der Kreisdirector von Broizem in Folge seiner
Berufung nach Dresden aus der Stellung als Regierungs-Commissar
schied und an seine Stelle als interimistischer Commissar der Regie-
rungsrath von Pflugk trat. Nach dessen Weggang von Leipzig übertrug die Staatsregierung die Functionen des Königlichen Commissars
auf den Kreisdirector von Burgsdorff. In der Generalversammlung
von 1856 als solcher begrüsst, hat er der Leipzig-Dresdner Eisenbahn-Compagnie seine bereitwilligste Hülfe in dieser Stellung zuge-
sichert und unausgesetzt bethätigt.

Im Gesellschaftsausschuss nahmen Dr. Vollsack den Vorsitz
und Justizrath, Stadtrichter Dr. Steche die Stellvertretung ein, in
welcher Stellung dieselben noch jetzt sind. Im Directorium schied
der seit der Begründung des Unternehmens als Director thätige
G. L. Preusser in Folge seines Wegzugs von Leipzig im Jahre 1856
aus und wurde an seine Stelle der General-Consul A. Dufour-
Feronce, damals Stellvertreter, gewählt, während für denselben der
Hofrath Dr. Gustav Hoffmann, früher Directorialmitglied bei der
Sächsisch-Bayerischen Eisenbahngesellschaft, in das Directorium
eintrat. Im Jahre 1858 wurde der bisherige Stellvertreter Stadtrath
Fr. Fleischer zum wirklichen und der Generalconsul A. Dufour-
Feronce zum stellvertretenden Mitgliede gewählt. Letzteren über-
raschte der Tod bei einer Reise in London im November 1861. Mit
ihm schied einer der ersten Unternehmer und thätigsten Förderer
der Leipzig-Dresdner Eisenbahn aus dem Leben. An seine Stelle
wählte der Ausschuss den Kaufmann August Auerbach als stellvertretendes Mitglied in das Directorium. Am 22. September 1863

starb der Director Fr. Fleischer, welcher den Interessen des Unternehmens seit einer Reihe von Jahren unermüdet gedient hatte. An seine Stelle wurde der bisherige Stellvertreter G. Halberstadt, und für diesen der Kramermeister Edw. Kraft als stellvertretendes Directorialmitglied gewählt. Auch in dieser Zeit fungirten Gustav Harkort als Vorsitzender und Dr. Einert als Stellvertreter desselben, letzterer jedoch mit Ausnahme des Jahres 1856/57, in welchem Prof. Dr. Erdmann als solcher erwählt war. Das Directorium besteht demnach jetzt aus den Directoren:

> Gustav Harkort, Vorsitzender,
> Adv. Dr. Wilhelm Einert, Stellvertreter des Vorsitzenden,
> Gustav Halberstadt,
> Generalconsul C. Hirzel-Lampe,
> Professor Dr. Otto Linné Erdmann,

und den Stellvertretern:

> Dr. Carl Lampe,
> Hofrath Dr. Gustav Hoffmann,
> August Auerbach,
> Wilhelm Seyfferth,
> Edward Kraft.

Von diesen sind Gustav Harkort, Professor Dr. Erdmann und Dr. Carl Lampe bereits Mitglieder des ersten Directoriums gewesen, während Wilhelm Seyfferth im August 1835, und noch vor Eröffnung der Bahn in dasselbe C. Hirzel-Lampe und Dr. Einert gewählt wurden. Von den Mitgliedern des ersten Ausschusses befinden sich in demselben noch Dr. H. Härtel und Justizrath Dr. Steche; noch vor Eröffnung der Bahn sind in denselben Stadtrath Dr. Vollsack und Professor W. Dindorf, Ersterer nach seinem Austritt aus dem Directorium, eingetreten und darin verblieben.

Von den oberen Beamten der Compagnie war mit Ablauf des Jahres 1852 der Geschäftsführer in Dresden S. B. Buchler aus dem Dienst geschieden und im Jahre 1853 der Ingenieur Schneider in

Riesa verstorben. An des Ersteren Stelle trat als Betriebsdirigent Gustav Arndt, welcher jedoch nach Verlauf von $2^1/_2$ Jahren wieder abging. Den Posten eines Geschäftsführers übernahm der damalige Abtheilungs-Ingenieur Pöge in Dresden, wohin derselbe, nach dem Abgang Sergels, von Leipzig aus versetzt war, zugleich mit der Function als Oberingenieur. Die Abtheilungsingenieure sind zur Zeit Kross in Leipzig, Knösel in Riesa und Schulze in Dresden.

Mit Ablauf des Jahres 1861 trat Friedrich Busse von dem eine lange Reihe von Jahren hindurch bekleideten Posten eines Bevollmächtigten zurück. Seine Verdienste um die Leipzig-Dresdner Eisenbahn-Compagnie sowohl, wie um das deutsche Eisenbahnwesen überhaupt haben allenthalben ehrende Anerkennung gefunden. An seine Stelle wurde Carl August Gessler zum Bevollmächtigten ernannt und diese Ernennung in der Generalversammlung vom 24. März 1862 mit folgenden Worten mitgetheilt:

„Derselbe hat sich schon bei den ersten Einleitungen unseres Unternehmens durch die anerkennenswertheste Thätigkeit und Umsicht ausgezeichnet, ist für dasselbe in allen Stadien, welche es durchlaufen hat, mit stets gleichem Eifer unermüdlich wirksam geblieben und hat sich in diesem langen Zeitraume eine so vollständige Kenntniss aller einschlagenden Verhältnisse erworben, dass wir der Gesellschaft nur Glück dazu wünschen können, dass es möglich war, die nächste Vertretung ihrer Interessen in so völlig geeignete Hände übergehen zu lassen."

Am 29. December 1863, kurze Zeit also vor der 25jährigen Eröffnungsfeier, starb der Erbauer der Bahn, der Geh. Baurath Major Kunz. Es mag sein Verdienst um den Bau der ersten grösseren deutschen Eisenbahn, seine Thätigkeit, Energie und Uneigennützigkeit hier wiederholt ehrende Anerkennung finden!

Die Statuten haben in diesem Zeitraum einen einzigen Zusatz erhalten; derselbe in der Generalversammlung vom 19. März 1857 beschlossen und von der Staatsregierung genehmigt, bezieht sich auf das Amortisationsverfahren für die seit dem Jahre 1853 besonders zur Ausgabe gelangenden Dividendenscheine. Eine aus Anlass des Beschlusses der Generalversammlung vom 30. März 1854 über die Dividende des Jahres 1853 von der Staatsregierung hervorgerufene Verfügung bestimmt noch, dass die Generalversammlung 8 Tage vor dem 1. April jeden Jahres stattfinden solle, um die Prüfung und resp. Genehmigung des desfallsigen Beschlusses bis zum Auszahlungs-termine der Dividenden Seiten der Regierung zu ermöglichen.

Werfen wir zum Schluss dieser Darstellung noch einen kurzen Blick auf die Lage des Unternehmens, wie sie aus dem Rechnungs-abschluss und dem Geschäftsbericht vom Jahre 1863 ersichtlich, so ergiebt sich, dass die Bilanz mit einer Summe von 10,619,751 Thlr. 22 Ngr., worunter Reservefond und Unterstützungscasse, abschliesst, während das Jahr 1839 die Summe von 6,064,495 Thlr. 13 gGr. 11 Pf. ausweist. Das Anlagecapital beläuft sich auf 9 Millionen Thaler, und zwar 5 Millionen in Actien, 500,000 Thlr. in Cassenscheinen und $3^1/_2$ Millionen in Anleihen. Von diesen ist bis jetzt der Betrag von 548,700 Thlr. getilgt. Für das Capitalconto Bahnbau incl. der Magde-burger und Meissner Zweigbahn (17,5 Meilen) sind 6,395,865 Thlr. 29 Ngr. 5 Pf. ausgegeben, für Gebäude, Transportmittel und Inven-tarien 2,403,253 Thlr. 12 Ngr. 3 Pf. in Rechnung gestellt, während ausserdem ein Betrag von 176,909 Thlr. aus den Betriebsüber-schüssen verschiedener Jahre darein verwendet und trotz der Ver-mehrung der Transportmittel und der Inventarien die betreffenden Posten in den letzten Jahren nicht erhöht sind, was als ein Moment für die solide Fundirung des Unternehmens hervorzuheben ist. An Transportmitteln waren Ende 1863 vorhanden: 46 Lokomotiven, 45 Tender, 130 Personenwagen mit 4962 Plätzen und 883 Güter-wagen mit 2149 Achsen zur Ladung von 115,240 Ctr., ausser der Tragfähigkeit der Vieh- und Pferdewagen, sowie von 4 Packmeister-, 7 Postbureau- und 2 Postgepäck-Wagen. Die Lokomotiven haben 149,085,7 Meilen, gegen $46,868^1/_2$ im Jahre 1840, durchlaufen und die Kosten der Zugkraft dafür im letzteren Jahre im Betrage von circa $2^2/_3$ Thlr. sich 1863 auf 1 Thlr. 1 Ngr. 2,69 Pf. per Lokomotivmeile reducirt. Befördert sind auf der Bahn seit der ersten Fahrt am 24. April 1837 16,465,852 Personen und seit 1839 an Gütern 1,214,061,063 Meilencentner, wofür zusammen

$$28,697,894 \text{ Thlr.}$$

eingenommen worden sind.

Der Etat der Besoldungen für die fest angestellten Beamten beläuft sich mit Ende 1863 auf 167,677 Thlr.

Diese kurzen Angaben mögen genügen, um anzudeuten, welchen Aufschwung ein Eisenbahnunternehmen genommen hat, das mit so verschiedenen Erwartungen in seinem Entstehen aufgenommen in seinen Erfolgen jene ebenso übertroffen hat, als seitdem die Anschauungen von der Bedeutung und dem Einfluss der Eisenbahnen auf die Entwickelung der Verkehrsbeziehungen überhaupt sich geändert haben. Möge die fernere Zukunft für die Leipzig-Dresdner Eisenbahn gleiche Erfolge bringen!

Tunnel	—	5	284,85 excl. Röschenörter	13760	80629	527	—	Der Durchschlag ausschl. der Röschenörter ist erfolgt.
Summa	16	221	156022 = 9³/₄ Meil.	235093	13909174,7	2571	131	

Tunnel.

1 Obersteiger, 2 Untersteiger, 2 Zimmersteiger, 1 Schmiedesteiger. 527 Bergleute etc.

Benennung der Oerter	Belegung der Oerter (Mann)	Dimensionen Weite — Obere (Ell.)	Mittlere (Ell.)	Untere (Ell.)	Höhe (Ell.)	Verdingungspreis pr. lauf. Elle incl. Pulver (Thlr)	Im Monat Februar aufgefahrene Länge (Ell.)	Daraus erhaltene Gebirgsmasse (C.-E.)	Erreichte ganze Länge des Ortes — In der Firste (Ell.)	auf der Sohle (Ell.)	Gebirgsart	Verdienst der Häuer in 12 Stunden (Thl. Gr. Pf.)
1. Hauptort in Ost	44	7	17	17	13	90	11	2068	76,5	42	Von der Firste nieder 4 Ell. Planen, 1 Ell. Congl. und bis z. Sohle Granit u. Gneis	– 17 6
2. „ „ West	33	-	-	-	-	65	13	2444	77	33	Fester Planer	– 19 8
– „ „ Ost	39	-	-	-	-	90	12	2256	58	34	Firste weicher, Sohle fester Pl.	– 21 10
3. „ „ West	34	-	-	-	-	90	10	1880	47,75	32	do.	– 21 1
– „ „ Ost	40	-	-	-	-	75	11	2068	61	36	do.	– 17 9
4. „ „ West	49	-	-	-	-	70	13	2444	90,5	68	do.	– 16 –
– „ „ Ost	—	-	-	-	6,5	30	.	.	38	15	Fester Planer	– – –
1. Röschenort in Ost	6	3	3	3	4	7	8	96	.	87	Planer, Congl., Granit u. Gneis	– 16 –
2. „ in West	6	-	-	-	-	7	5	60	.	109	do.	– 11 –
– „ „ Ost	6	-	-	-	-	6	18	216	.	133	Fester Planer	– 23 –
3. „ „ West	8	-	-	-	-	6	19	228	.	161	do.	– 15 6
Summa	.							(13760) Cub.-Ell.	479,05	284,85 Hauptortslänge / 900 Ganze Röschenvorlänge		

Ueberbrückung des Zschöllauthales.

Pfeiler No. 1 bis mit 7 sind bis zur völligen Höhe aufgemauert.

„ „ 8 bis mit 26 sind bis zu 8 Ellen Höhe vom Roste aus aufgemauert

Elbbrücke bei Riesa.

Benennung der Pfeiler	Erhält zur völl. Höhe — über den Pfahlrost	über den höchsten Wasserst. 10 Ell. über d. Riesaer Nullpunkt angenommen	Hat bis jetzt Höhe — über den Pfahlrost	über od. unter den höchsten Wasserstand
Uferpfeiler No. 1. Riesaerseits	24 Ellen	12 Ell. 3″	11 Ell. 21″	18 Zoll u.
Pfeiler No. 2.	25 „	do.	14 Ellen	1 E. 12″ u.
„ „ 3.	do.	do.	13 „	11 Zoll ab.
„ „ 4.	do.	do.	do.	do.
„ „ 5.	do.	do.	do.	do.
„ „ 6.	do.	do.	14 Ellen	1 E. 12″ u.
„ „ 7.	do.	do.	do.	do.
„ „ 8.	do.	do.	do.	do.
„ „ 9.	do.	do.	11″ 21″	18″ unter
„ „ 10.	24 Ellen	do.	14 Ellen	1″ 12″ ab.
Uferpfeiler No. 11. Lossaerseits	do.	do.	13 „	11 Zoll ab.

Nachweis

über den

Bau der Leipzig-Dresdner Eisenbahn

im Monat Februar 1838.

Abtheilung	Bauführender Ingenieur	Section	Assistent	Werkplatz	Oberaufseher	Unteraufseher, Bahnwärter, Schaffner etc.	Fertige Planie in Ellen	Bewegte Erdmassen in Cubikellen		Arbeiterzahl		Anmerkung
								Im Monat	In Summa	In Summa	Darunter Ausländer	
I.	1	1.	1	Leipzig mit Sommerfeld	1	50	17999	—	433532	149	—	
		2.	1	Machern mit Bennewitz	1	14	23358	8758	3622120	189	72	
II.	1	1.	1	Wurzen m. Kühren	1	16	20423	—	1513834,₂	8	2	
		2.	1	Radegast	1	6	10930	562	339954	26	—	
				Cölmesmühle	1	10	11070	—	1249488	23	—	
III.	1	1.	1	Zschöllau	1	14	4920	—	683789	7	—	
				Bornitz	1	10	6580	—	381807	11	1	
		2.	1	Riesa mit Röderau	1	13	9520	80272	1124559	326	5	
IV.	1	1.	1	Grödler Canal	1	10	5040	—	582945	26	—	
				Leckwitz	1	9	2350	—	362196	32	—	
		2.	1	Pristewitz	1	11	5195	—	603633	3	—	
				Jessen	1	14	4200	43423	518442,₃	232	17	
V.	1	1.	1	Oberau	1	16	7220	21748	1004261	767	28	
				Coswig	1	4	8485,₅	1308	275705,₇	11	—	
		2.	1	Trachau	1	8	11300	3409	546666	12	—	

Tabellarische Aufstellung

des

Personen- und Güter-Verkehrs

seit Eröffnung der Bahn.

	Personen-Verkehr		Güter-Verkehr	
im Jahr	Personen	für Thaler	Meilen-Ctr.	für Thaler
1839	411,531	291,304	3,850,223	84,632
1840	405,135	303,739	6,885,669	143,917
1841	386,378	314,899	8,901,337	183,512
1842	382,284	322,471	11,680,938	212,556
1843	401,415	338,463	11,684,622	225,043
1844	427,187	354,001	11,657,787	226,141
1845	455,746	362,291	12,786,913	242,034
1846	488,610	379,469	15,337,543	273,914
1847	490,863	382,312	17,177,392	303,597
1848	477,428	337,279	15,240,413	278,099
1849	521,005	390,160	20,632,635	362,801
1850	572,911	443,817	23,395,104	403,325
1851	601,788	480,000	27,813,254	465,707
1852	615,303	512,117	36,904,601	594,617
1853	636,372	537,483	44,040,082	701,379
1854	630,504	527,792	55,884,296	825,150
1855	633,644	540,795	68,190,235	959,105
1856	701,435	613,000	88,433,103	1,178,365
1857	790,805	691,630	122,437,561	1,467,412
1858	769,862	656,215	105,623,868	1,297,573
1859	863,513	699,885	86,356,084	1,091,388
1860	906,792	611,852	96,323,864	1,186,009
1861	1,045,933	640,361	91,288,824	1,124,537
1862	1,109,847	670,837	113,885,317	1,312,807
1863	1,228,004	748,860	117,649,398	1,301,067